流体力学及其土木工程应用

主　编　赵　萌

副主编　赵若晨　贾子乐　王益鹤

微信扫码　助力学习
★本书习题答案
★配套课件与视频
★思维导图

中国水利水电出版社
www.waterpub.com.cn
·北京·

内 容 提 要

　　本书是为普通高等学校土木工程类专业流体力学课程编写的教材，根据专业需要，介绍了流体力学的基本概念、基本原理和基本方法，力求内容充实，覆盖面广，实用性强。本着夯实学生理论知识基础、拓展学生知识面的原则，本书着重物理概念和现象的叙述，从学生熟悉的自身专业背景出发，力求以实践为导向，学以致用，帮助学生更好地掌握流体力学知识。本书涵盖了流体力学与土木工程各方向相结合，主要包括流体静力和动力学、暖通空调中的流体力学、水利工程中的流动问题、土木工程中的渗流、结构风工程概述等，具有足够的专业广度。

　　本书按照流体力学课程自身的特点，适当扩大了本教材的适用专业面，可以作为土木、道桥、建环、市政、环境、水利、能源等多专业流体力学课程教学用书，以及全国注册结构工程师流体力学考试的参考书。

图书在版编目（CIP）数据

流体力学及其土木工程应用 / 赵萌主编. -- 北京：
中国水利水电出版社，2020.12
ISBN 978-7-5170-9063-2

Ⅰ．①流… Ⅱ．①赵… Ⅲ．①流体力学－应用－土木
工程－研究 Ⅳ．①TU

中国版本图书馆CIP数据核字(2020)第224211号

书　　名	**流体力学及其土木工程应用** LIUTI LIXUE JI QI TUMU GONGCHENG YINGYONG
作　　者	主　编　赵　萌 副主编　赵若晨　贾子乐　王益鹤
出版发行	中国水利水电出版社 （北京市海淀区玉渊潭南路1号D座　100038） 网址：www. waterpub. com. cn E - mail：sales@waterpub. com. cn 电话：（010）68367658（营销中心）
经　　售	北京科水图书销售中心（零售） 电话：（010）88383994、63202643、68545874 全国各地新华书店和相关出版物销售网点
排　　版	中国水利水电出版社微机排版中心
印　　刷	清淞永业（天津）印刷有限公司
规　　格	184mm×260mm　16开本　11.25印张　274千字
版　　次	2020年12月第1版　2020年12月第1次印刷
印　　数	0001—2000 册
定　　价	**52.00元**

编　委　会

主　　编　赵　萌

副 主 编　赵若晨　贾子乐　王益鹤

参　　编　孔凡广　侯　静　吴双群

　　　　　刘　振　刘印桢　郗艳红

前　　言

　　本书从流体力学课程的基础地位出发，内容安排上强调流体力学与土木工程各二级学科的紧密结合，以及流体力学在土木工程中的应用。从学生熟悉的自身专业背景出发，力求以实践为导向，学以致用，帮助学生更好地掌握流体力学知识。根据土木工程类专业的特点，本书精简了传统的经验性内容和计算方法，尽量避免篇幅较长的数学推导，适合多专业根据需求组织教学。本书重视理论与工程实际的结合，在练习题、例题的选取上，尽量与工程实际相结合。

　　本书共包含九章，其中第一章介绍流体和流体力学的基本概念；第二、第三章介绍流体静力学和动力学基础；第四章介绍实际流体的阻力和能量损失；第五章介绍暖通空调中的有压流动；第六章介绍水利工程中的无压流动；第七章介绍土木工程中的渗流；第八章概述结构风工程；第九章简介计算流体力学。同时本书还包含了实验流体力学的相关内容。

　　本书以纸质教材为载体，综合利用数字化技术，把数字化教学资源以二维码的形式嵌入教材当中，内容涵盖章节导学、重点和难点知识讲解、习题和思考题讲解等，以及大量的扩展知识。数字化教学资源丰富，方便读者通过多种方式阅读，同时也提高了线上教育的便捷性。在此谨向参与数字化教学资源录制和制作的师生表示诚挚的谢意。

　　在本书的编写过程中，参考了诸多优秀教材和文献资料，在此谨向相关作者表示诚挚的谢意。

　　由于编者水平所限，书中难免有疏漏和不足之处，恳请读者批评指正。

赵萌

2020 年 12 月

目　　录

第1章　流体和流体力学

单元导学

课件

1.1　流体力学发展简史

流体力学既是基础学科，又是用途广泛的应用学科，与各类工程专业结合密切，与其他学科的交叉渗透广泛深入。流体力学主要研究内容是流体的平衡和运动规律及其应用，流体力学作为经典力学的一个重要分支，其发展与基础数学、物理学的发展不可分割。流体力学的研究对象是自然界和工程技术中的复杂介质和系统，由经验知识发展到经典理论，直至发展成为近代理论和现代理论，研究手段包括理论分析、实验流体力学和计算流体力学。

人类对流体力学的认识最早是从灌溉、治水等方面开始，是古人智慧的结晶。早在4000多年前的大禹治水就说明我国早已有大规模的水利治理工程。京杭大运河始建于春秋时期，并且使用至今，是我国古代劳动人民创造的一项伟大工程，是世界上里程最长、工程最大的古代运河，也是最古老的运河之一，与长城、坎儿井并称为我国古代的三项伟大工程，是我国文化地位的象征之一。秦代，仅在公元前256—公元前210年，便修建了都江堰、郑国渠、灵渠三大水利工程。特别是李冰父子建造的都江堰水利工程，以年代久、无坝引水为特征，至今依旧在灌溉田畴，是造福人民的伟大水利工程，是世界水利文化的鼻祖。汉武帝时期，在黄土高原上为引洛河水灌溉农田，修建了龙首渠（图1-1），创造性地发明了"井渠法"，由地下穿过七里宽的商颜山，有效地避免了黄土塌方，这也是我国历史上首条地下水渠。

图1-1　龙首渠

西方有记载的最早从事流体力学研究的是古希腊学者阿基米德（Archimedes，公元前 287—公元前 212 年），他建立了包括浮力定律和浮体稳定性在内的液体平衡理论，奠定了流体力学的学科发展基础。文艺复兴（14—16 世纪）之后，流体力学得到长足发展。列奥纳多·达·芬奇（Leonardo da Vinci，1452—1519 年）系统地研究了物体的沉浮、孔口出流、物体的运动阻力以及管道、明渠中的流动等问题。伽利略·伽利雷（Galileo Galilei，1564—1642 年）在流体静力学中应用了虚位移原理，并首先提出运动物体的阻力随着介质密度增大和速度提高而增大的理论。布莱士·帕斯卡（Blaise Pascal，1623—1662 年）提出了不可压缩流体能传递压强的原理——帕斯卡原理。艾萨克·牛顿（Isaac Newton，1642—1727 年）建立了牛顿内摩擦定律，为黏性流体力学初步奠定了理论基础，并讨论了波浪运动等问题。尼古拉·伯努利（Nicolaus Bernoulli，1700—1782 年）建立了流体位势能、压强势能和动能之间的能量转换关系——伯努利方程。

从 18 世纪中叶工业革命开始，流体力学的研究逐渐沿着理论流体力学和应用流体力学两个方向发展。19 世纪末开始，针对复杂的流体力学问题，将理论分析和实验研究逐渐密切结合起来。1856 年法国工程师 H. P. G. 达西（Darcy，Henri -Philibert - Gaspard，1803—1858 年）通过实验总结得到饱和土壤中水的渗流速度与水力坡降之间的线性关系规律，又称线性渗流定律。1883 年英国力学家、物理学家奥斯本·雷诺（Osborne Reynolds，1842—1912 年）用实验验证了黏性流体的两种流动状态，找到了实验研究黏性流体运动规律的相似准则以及判别层流和紊流的临界雷诺数。德国物理学家路德维希·普朗特（Ludwig Prandtl，1875—1953 年）建立了边界层理论，解释了阻力产生的机制，针对紊流边界层提出了混合长度理论。

20 世纪初，飞机的出现极大促进了空气动力学的发展。随着航空事业的发展，人们迫切地期望能够揭示飞行器周围的压力分布、飞行器受力情况等问题，这就促进了流体力学在实验和理论方面的快速发展。以这些理论为基础，20 世纪 40 年代，关于天然气、炸药等介质中发生的爆炸又形成了新的理论，为深入研究原子弹、氢弹、炸药等起爆后，激波在空气和水中的传播奠定了理论基础，从而发展了爆炸波理论。此后，流体力学又发展了许多分支。我国流体力学家、理论物理学家周培源（1902—1993 年）主要从事物理学基础理论中难度最大的两个方面，即爱因斯坦广义相对论中的引力论和流体力学中的湍流理论，其研究与教学都取得了杰出成果。我国科学家、空气动力学家钱学森（1911—2009 年）在动力、制导、气动力、结构、材料、计算机、质量控制和科技管理等领域具有丰富知识，为我国火箭、导弹和航天事业的创建与发展做出了杰出贡献。

现代社会，科学技术飞速发展，流体力学与其他学科相互渗透，形成稀薄气体动力学、电磁流体力学、多相流体力学、生物流体力学等专门学科。同时计算流体力学已发展成熟，可以通过计算机和数值方法来求解流体力学的控制方程，对流体力学问题进行模拟和分析。计算流体力学已广泛深入到流体力学的各个领域，也相应形成了不同的数值解法。

1.2　流体力学与土木工程

　　流体力学广泛应用于土木工程的各个领域，注重理论与实践、原理与应用相结合，深入了解土木工程中的水和空气问题，能够进一步认识到土木工程与环境的长期关系，提高工程质量，保护环境，减少灾害，实现可持续发展。例如大跨度桥梁和高层建筑的风振问题，需要考虑到颤振、涡振和强迫振动引发的抖振，涡振频率与固有频率的耦合等（图 1-2）；膜壳建筑的流固耦合问题，即固体在流场作用下的不同行为以及固体位形对流场的影响（图 1-3）；考虑建筑物之间分布的风环境问题（图 1-4），例如城市中高层建筑群显著改变近地面的风场，建筑物周围某些地区会出现强风，影响人的舒适性，还有可能形成风灾；考虑行船间距和水环境问题（图 1-5），需要分析多体船的兴波干扰；考虑建筑内的环境控制问题（图 1-6），例如通风、排烟、空调、净化、给排水等；考虑建筑施工中的渗流问题（图 1-7），如围堰、基坑的排水量和水位的下降，公路工程中路基排水、透水路堤的设计与施工等。

图 1-2　杭州湾跨海大桥

图 1-3　国家游泳中心

图 1-4　上海高层建筑群

图 1-5　多艘轮船

图 1-6　列车内部通风系统

图 1-7　土木工程中的渗流

1.3 流体的概念及特征

1.3.1 流体及其本质特征

⬥思考——什么是流体？

流体是可以流动的物体，即在任何微小的剪切作用下都能够发生连续变形的物质，包括但不限于气体和液体。例如常见的空气、水、油、酒精、水银是经典流体中的气体和液体，凝胶、油脂、沥青、泥石流、泥浆等可称为广义流体（图1-8）。

（a）经典流体 　　　　　　　　　　　（b）广义流体

图 1-8　经典流体和广义流体

⬥思考——流体的本质特征是什么？

流体的本质特征是流动性，即不能承受拉力；平衡状态下不能承受剪切力，任何微小剪切力都会使流体连续变形。

1.3.2 流体质点和连续介质

流体质点是流体中宏观尺寸非常小而微观尺寸又足够大的任意一个物理实体，是包含足够多流体分子的微团。宏观尺寸非常小，即 $\lim \Delta V \to 0$；微观尺寸足够大，即流体微团尺度和分子的平均自由行程相比足够大。由于流体质点含足够多分子，个别分子的行为不影响总体的统计平均特性，其形状可以任意划定。

注意：最小的物理实体具有均匀的宏观物理量，如质量、密度、温度、压强、流速、动量、动能、内能等。

从微观角度来看，流体是由大量分子构成的，由于分子间存在间隙，因此从微观上看流体是不连续的。如果从分子运动论入手研究流体的宏观运动，是极为困难的。工程中流体运动所涉及的物体特征尺度的量级是分子间距无法比拟的。流体力学研究流体宏观机械运动的规律，即大量分子统计平均特性。1755 年瑞士数学家和力学家莱昂哈德·欧拉（Leonhard Euler，1707—1783 年）首先提出，将流体当做由密集质点构成的、内部无间隙的连续介质来研究。这就是连续介质假设，是研究流体宏观运动的抽象模型。

在连续介质中，流体质点的一切物理量都是坐标与时间 (x, y, z, t) 变量的单值、连续、可微函数，从而形成各种物理量的标量场和矢量场（也称为流场），故可以运用连续函数和场论等数学工具进行研究。

注意：连续介质完全是在宏观意义下的概念，连续介质有应用范围的限制。例如红血球直径 8×10^{-4} cm，动脉直径 0.5cm，微血管直径可达 10^{-4} cm 的量阶，则红血球在动脉中为连续介质流体，在微血管中为非连续介质流体；高空、外层空间的稀薄气体为非连续介质流体。

1.4　流体的主要物理性质

1.4.1　密度、重度、比体积

1. 密度

单位体积的质量称为密度，以 ρ 表示。假设一点上的密度 $\rho = \lim\limits_{\Delta V \to 0} \dfrac{\Delta M}{\Delta V} = \dfrac{\mathrm{d}M}{\mathrm{d}V}$，对于均质流体则可以得到

$$\rho = \frac{M}{V} \tag{1-1}$$

式中　ρ ——密度，kg/m³；

　　　M ——质量；

　　　V ——体积。

标准大气压下空气、水的密度见表 1-1 和表 1-2，常见流体的密度见表 1-3。

表 1-1　　　　　　　　　　标准大气压下空气的密度

温度/℃	0	4	10	20	30	40	50	60
密度/（kg/m³）	1.293	—	1.248	1.205	1.165	1.128	1.093	1.060

表 1-2　　　　　　　　　　标准大气压下水的密度

温度/℃	0	4	10	20	30	40	50	60
密度/（kg/m³）	999.87	1000.00	999.73	998.23	995.70	992.24	988.00	983.24

表 1-3　　　　　　　　　　常见流体的密度

流体	酒精	水蒸气	四氯化碳	水银	甘油	氧气	二氧化碳
温度/℃	15	—	20	20	0	0	0
密度/（kg/m³）	790~800	0.804	1590	13550	1260	1.429	1.976

2. 重度

流体的重度是单位体积流体的重力，以 γ 表示，单位是 N/m³，假设一点上的流体重度 $\gamma = \lim\limits_{\Delta V \to 0} \dfrac{\Delta G}{\Delta V} = \dfrac{\mathrm{d}G}{\mathrm{d}V}$，对于均质流体则可以得到

$$\gamma = \frac{G}{V} \tag{1-2}$$

3. 比体积

流体比体积以 v 表示，是指单位质量流体所占的体积，即密度的倒数，其单位是 m^3/kg，表达式为

$$v = \frac{1}{\rho} = \frac{V}{M} \tag{1-3}$$

注意：密度 ρ、重度 γ、比体积 v 的换算关系为 $\gamma = \rho g = \frac{1}{v}g$，其中，$g = 9.8 m/s^2$。

▲思考——流体的密度与哪些因素有关？

流体的密度与流体的种类、压强、温度、组成成分、空间位置有关。例如，随着空间位置的改变大气和海水的密度会发生变化。

1.4.2　黏性

1. 黏性作用的描述

流体在运动状态下具有抵抗由相对运动引起的剪切变形的能力，从而在内部产生切应力，这种性质称为流体的黏性。流体的黏性来源于流体分子之间的内聚力和相邻流动层之间的动量交换，是流动产生机械能损失的根源。

注意：当流体处于平衡状态时，其黏性无从表现，只有当流体运动时，流体的黏性才能显示出来。

平板拖拽试验如图 1-9 所示。两块相隔距离为 δ 的平板水平放置，两板间充满液体，下板固定不动，上板在力 F 的作用下以速度 U 沿 x 方向运动。通过试验发现：推动上板的外力 F 与其运动速度 U 及摩擦面积 A 成正比，与两板之间的微小距离 δ 成反比，比例常数 μ 与充入两板之间的流体种类及其温度、压强状况有关，比例关系式为

$$F = \mu \frac{U}{\delta} A \tag{1-4}$$

以应力表示，即为牛顿内摩擦定律表达式

$$\tau = \frac{F}{A} = \mu \frac{U}{\delta} \tag{1-5}$$

其中，$\frac{U}{\delta}$ 称为速度梯度，表示速度在垂直方向上单位长度的增量，在平板拖拽实验中速度为直线分布，速度梯度是常数。一般情况下，速度分布为曲线时，如果设速度分布为 $u = u(y)$，则速度梯度以 $\frac{\mathrm{d}u}{\mathrm{d}y}$ 表示。

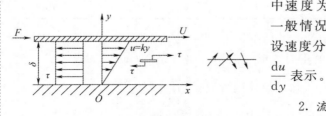

图 1-9　平板拖拽试验

2. 流体微团的剪切角变形率

设速度分布为 $u = u(y)$，流体微团

的剪切角如图 1-10 所示，取 $\mathrm{d}y$ 高度的流体微团 $ABCD$，经过无限小的时间 $\mathrm{d}t$ 之后，由于流体微团上下层的速度差别，形状变为 $A_1B_1C_1D_1$，产生变形角 $\mathrm{d}\theta$，由几何关系可得 $\tan(\mathrm{d}\theta) \approx \mathrm{d}\theta = \dfrac{\mathrm{d}u\mathrm{d}t}{\mathrm{d}y}$，由此可得 $\dfrac{\mathrm{d}\theta}{\mathrm{d}t} = \dfrac{\mathrm{d}u}{\mathrm{d}y}$，即流体微团剪切角的变形率等于速度梯度。

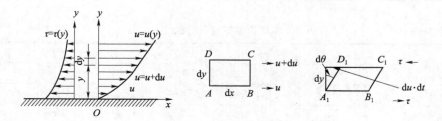

图 1-10　流体微团的剪切角

⅄思考——在固体中应力是怎样计算的？

在固体中 $\tau = K\theta$；在流体中 $\tau = \mu \dfrac{\mathrm{d}\theta}{\mathrm{d}t}$。

结论：牛顿内摩擦定律的物理意义为相邻两层流体的内摩擦力与正压力无关，这点与固体力学里的摩擦力显然不同。切应力的大小取决于剪切角的变形率，这点与固体的切应力取决于剪切角显然不同。只要切应力不为零，变形率就不为零，这是流体易流性的数学特性。只要速度梯度为零，切应力就为零，流体必然静止。速度梯度不会趋于无穷大，而是保持有限值。流体黏性体现为流体都会黏附于它所经过的固体表面。

3. *流体的黏度*

平板拖拽试验已得到比例常数 μ，其表达式为

$$\mu = \frac{\tau}{\mathrm{d}u/\mathrm{d}y}$$

其中，μ 被称为流体的动力黏度，代表单位速度梯度下的切应力，单位是 Pa·s。

工程中还常用到运动黏度 ν，代表动力黏度与液体密度的比值，单位是 m^2/s，即

$$\nu = \frac{\mu}{\rho} \tag{1-6}$$

⅄思考——动力黏度大的流体，其运动黏度是否一定大？温度和压强是如何影响流体黏度的？

液体黏度的大小取决于分子间距和分子间的吸引力，气体黏度的大小取决于分子热运动所产生的动量交换。液体黏度随温度和压强按指数规律变化，一般随温度的升高而减小，气体的黏度一般随温度的升高而增大。液体黏度受压强的影响不显著，受温度的影响非常明显，气体黏度受温度和压强的影响都明显。不同温度下水和空气的黏度见表 1-4 和表 1-5。

黏　度	温度/℃						
	0	5	10	15	20	25	30
$\mu/(10^{-3}\text{Pa}\cdot\text{s})$	1.792	1.519	1.318	1.140	1.005	0.894	0.801
$\nu/(10^{-6}\text{m}^2/\text{s})$	1.792	1.519	1.318	1.141	1.007	0.897	0.804

表 1 - 4　　　　　　　　　　　不 同 温 度 下 水 的 黏 度

黏　度	温度/℃						
	0	10	20	30	40	50	60
$\mu/(10^{-5}\text{Pa}\cdot\text{s})$	1.71	1.76	1.81	1.86	1.90	2.00	2.09
$\nu/(10^{-6}\text{m}^2/\text{s})$	1.32	1.41	1.50	1.60	1.68	1.87	2.09

表 1 - 5　　　　　　　　　　　不 同 温 度 下 空 气 的 黏 度

4. 牛顿内摩擦定律应用举例

流体黏性是一切动力装置中不可缺少的，例如在机床导轨、空气轴承、油轴承、汽轮机滑动轴承、水泵等装置中，流体的黏性起到了必不可少的润滑作用。

利用牛顿内摩擦定律计算流体的黏性摩擦力时，只要缝隙尺寸较小，不论任何速度曲线总可以近似地看成是直线，用平均速度梯度近似地代表液流与固体接触表面处的速度梯度。

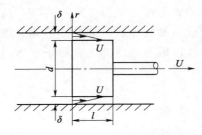

图 1 - 11　同心环形缝隙
中的直线运动

【例题 1 - 1】　同心环形缝隙中的直线运动如图 1 - 11 所示。假定缝隙 $\delta \ll d$，则缝隙中液流的速度分布规律 $u=u(r)$ 近似为直线关系，试求柱塞克服摩擦力所需要的功率。

解： 速度梯度为 $\dfrac{\mathrm{d}u}{\mathrm{d}r}=-\dfrac{U}{\delta}$，切应力为 $\tau=\mu\dfrac{U}{\delta}$，摩擦面积为 $A=\pi l d$，流体对柱塞的摩擦力为 $F=\tau A=\dfrac{\pi\mu U l d}{\delta}$，柱塞克服摩擦力所需要的功率为 $N=FU=\dfrac{\pi\mu U^2 l d}{\delta}$

【例题 1 - 2】　同心环形缝隙中的回转运动如图 1 - 12 所示。同心缝隙 $\delta \ll d$，速度分布 $U=\omega\dfrac{d}{2}$ 假定近似为直线规律。求轴克服摩擦力所需要的功率。

解： 轴表面速度梯度为 $\dfrac{\mathrm{d}u}{\mathrm{d}r}=-\dfrac{U}{\delta}=-\dfrac{\omega d}{2\delta}$，切应力为 $\tau=\dfrac{\mu\omega d}{2\delta}$，摩擦面积为 $A=\pi l d$，流体作用在轴表面上的摩擦力为 $F=\tau A=\dfrac{\pi\mu l d^2\omega}{2\delta}$，流体作用在轴上的摩擦力矩为 $T=F\dfrac{d}{2}=\dfrac{\pi\mu l d^3\omega}{4\delta}$，轴克服摩擦力所需要的功率为 $P=T\omega=FU=\dfrac{\pi\mu l d^3\omega^2}{4\delta}$。

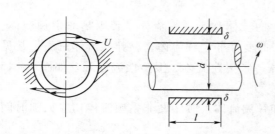

图1-12 同心环形缝隙中的回转运动

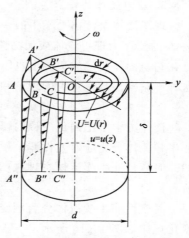

图1-13 圆盘缝隙中的回转运动

【例题1-3】 圆盘缝隙中的回转运动如图1-13所示。直径为 d 的圆盘以转速 n 或角速度 $\omega = \pi n/30$ 回转，$\delta \ll d$，各层流体的速度分布 $u = u(z)$ 可近似假定为直线。求上盘克服摩擦所需要的功率。

解: B 点半径为 r，B 点的速度梯度为 $\dfrac{\mathrm{d}u}{\mathrm{d}z} = \dfrac{U}{\delta} = \dfrac{\omega r}{\delta}$，上盘下表面切应力为 $\tau = \dfrac{\mu \omega r}{\delta}$，

B 点微元摩擦面积为 $\mathrm{d}A = 2\pi r \mathrm{d}r$，流体对微元表面的摩擦力为 $\mathrm{d}F = \tau \mathrm{d}A = \dfrac{2\pi \mu \omega}{\delta} r^2 \mathrm{d}r$，

流体对微元表面的摩擦力矩为 $\mathrm{d}T = \mathrm{d}F \cdot r = \dfrac{2\pi \mu \omega}{\delta} r^3 \mathrm{d}r$，流体对上圆盘的总摩擦力矩为

$T = \displaystyle\int_0^{d/2} \dfrac{2\pi \mu \omega}{\delta} r^3 \mathrm{d}r = \dfrac{\pi \mu d^4 \omega}{32\delta}$，上盘克服摩擦所需要的功率为 $N = T\omega = \dfrac{\pi \mu d^4 \omega^2}{32\delta}$。

◤思考——流体的黏度是如何测定的?

直接测定法：借助于黏性流动理论中的基本公式。

间接测定法：恩氏黏度计如图1-14所示。待测流体在 t℃下流出 V 所需时间为 T_1。测蒸馏水在20℃下流出 V 所需时间为 T_2。比值 $T_1/T_2 = {}^\circ E$ 称为待测流体在 t℃时的恩氏度。利用恩氏黏度计的经验公式，求出流体在 t℃时的运动黏度和动力黏度为

$$v = \left(7.31{}^\circ E - \dfrac{6.31}{{}^\circ E}\right) \times 10^{-6} \ (\mathrm{m^2/s})$$

$$\mu = \left(7.31{}^\circ E - \dfrac{6.31}{{}^\circ E}\right) \times 10^{-3} D \ (\mathrm{Pa \cdot s})$$

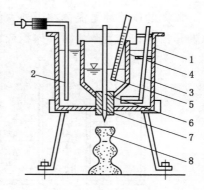

图1-14 恩式黏度计

1—外容器；2—加热器；3—搅拌棒；
4—内容器；5—温度计；6—柱塞；
7—标准白金孔口；8—接收瓶

5. 理想流体的概念

理想流体是流体力学中的一个重要假设模型。假定不存在黏性，即其黏度 $\mu = v = 0$ 的流体为理想流体或无黏性流体。这种流体在运动时不仅内部不存在摩擦力而且在它与固体接触的边界上也不存在摩擦力。理想流体虽然在事实上并不存在，但这种理论模型却有重大的理论和实际价值。

6. 牛顿流体和非牛顿流体的概念

流体力学中把满足牛顿内摩擦定律的流体称为牛顿流体，否则是非牛顿流体。非牛顿流体分为非时变性非牛顿流体、时变性非牛顿流体、黏弹性流体三类。常见的非时变性非牛顿流体有理想塑性流体、胀塑性流体、拟塑性流体等，如图 1-15 所示。

时变性非牛顿流体分为触变流体和触稠流体，时变性非牛顿流体切应力随时间变化规律如图 1-16 所示。

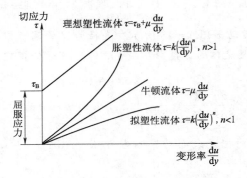

图 1-15　非时变性非牛顿流体

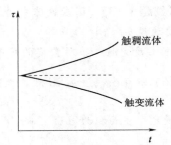

图 1-16　时变性非牛顿流体切应力随时间变化规律

1.4.3　压缩性和膨胀性

流体的压缩性是流体在受外力作用下其体积或密度可以改变的性质，流体的膨胀性是流体在温度改变时其体积或密度可以改变的性质。流体的压缩性和膨胀性如图 1-17 所示。

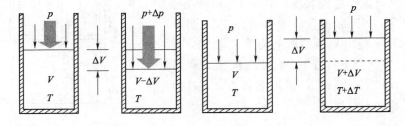

图 1-17　流体的压缩性和膨胀性

在一定温度下，将单位压强增量引起的体积变化率定义为流体的压缩性系数，其可以衡量流体可压缩性的大小，以 k 表示。若体积为 V 的流体，压强增加 $\mathrm{d}p$ 后，体积减小 $\mathrm{d}V$，则压缩性系数 k 的表达式为

$$k=\lim_{\Delta p\to 0}-\frac{\Delta V/V}{\Delta p}=-\frac{1}{V}\frac{\mathrm{d}V}{\mathrm{d}p} \tag{1-7}$$

由于压强增大时体积减小，$\mathrm{d}p$ 与 $\mathrm{d}V$ 异号，因此冠以负号以使 k 为正值，k 的单位是 m^2/N 或 $1/\mathrm{Pa}$。

工程中常常用到流体的体积弹性模量，以 K 表示，定义为压缩性系数 k 的倒数，单位是 N/m^2 或 Pa，其表达式为

$$K=\lim_{\Delta V\to 0}\left(\frac{\Delta p}{-\Delta V/V}\right)=-V\frac{\mathrm{d}p}{\mathrm{d}V} \tag{1-8}$$

注意：据质量守恒 $\rho V=C$ 得 $\rho \mathrm{d}V+V\mathrm{d}\rho=0$，可以得到 $\dfrac{\mathrm{d}V}{V}=-\dfrac{\mathrm{d}\rho}{\rho}$。

在一定压强下，将单位温升引起的体积变化率定义为热膨胀系数，其可以衡量流体膨胀性的大小，以 α_V 表示。若体积为 V 的流体，温度增加 $\mathrm{d}T$，体积增加 $\mathrm{d}V$，则膨胀性系数 α_V 的表达式为

$$\alpha_V=\lim_{\Delta T\to 0}\frac{\Delta V/V}{\Delta T}=\frac{1}{V}\frac{\mathrm{d}V}{\mathrm{d}T} \tag{1-9}$$

α_V 的单位是 $1/\mathrm{K}$ 或 $1/\mathrm{℃}$。

水的压缩性系数和热膨胀性系数见表 1-6 和表 1-7。表中压强单位为工程大气压，$1\mathrm{at}=98000\mathrm{N}/\mathrm{m}^2$

表 1-6　　　　　　　　　　水 的 压 缩 性 系 数　　　　　　　　单位：$\times 10^{-9}\mathrm{Pa}$

温度/℃	压强/at				
	5	10	20	40	80
0	0.540	0.537	0.531	0.523	0.515
10	0.523	0.518	0.507	0.497	0.481
20	0.515	0.505	0.495	0.480	0.460

表 1-7　　　　　　　　　　水 的 热 膨 胀 性 系 数　　　　　　　　单位：$\times 10^{-4}/\mathrm{℃}$

压强/at	温度/℃				
	1～10	10～20	40～50	60～70	90～100
1	0.14	1.50	4.22	5.56	7.19
100	0.43	1.65	4.22	5.48	7.04
200	0.72	1.83	4.26	5.39	

体积压缩系数和体积膨胀系数完全为零的流体被称为不可压缩流体。绝对不可压缩流体实际上并不存在，但通常条件下，液体以及低速运动气体的压缩性对其运动和平衡并无太大影响，忽略其可压缩性而直接用不可压缩流体理论分析的结果与实际情况有时是非常接近的。

【例题 1-4】 压强表校正器中活塞直径 $d=1\mathrm{cm}$，手轮螺距 $t=2\mathrm{mm}$，如图 1-18 所示，在标准大气压下装入体积 $V=200\mathrm{L}$ 的工作油液，为了形成 $200\mathrm{atm}$ 的表压力，试求手轮需要转动的圈数 n。

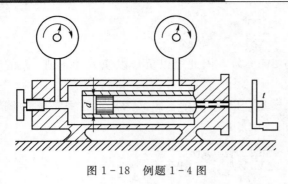

图 1-18 例题 1-4 图

解：假定油液体积压缩系数的平均值取为 $k=0.466\times10^{-4}\,\mathrm{bar}^{-1}$，$1\mathrm{atm}=1.013\mathrm{bar}$，$\Delta p=200\times1.013=202.6\mathrm{bar}$，由 $k=-\dfrac{1}{V}\dfrac{\Delta V}{\Delta p}$ 得油液需要减少的体积为 $-\Delta V=kV\Delta p$，活塞行程使油液减少的体积为 $-\Delta V=\dfrac{\pi}{4}d^2tn$，由此得手轮转动圈数为 $n=\dfrac{4kV\Delta p}{\pi d^2 t}=\dfrac{4\times0.466\times10^{-4}\times0.2\times10^{-3}\times202.6}{\pi\times10^{-4}\times2\times10^{-3}}=12$。

1.5 作用在流体上的力

力是机械运动的根本原因，只有明确作用在流体上的力以及表示方法，才能够深入研究流体力学问题。一般来说作用在流体上的力分为质量力和表面力两种类型。质量力分为重力、惯性力，惯性力包括直线运动惯性力和曲线运动惯性力，曲线运动惯性力包含离心力和哥氏力；表面力分为沿法线方向的表面力和沿切线方向的表面力。

1.5.1 质量力

质量力是作用在所取流体体积内每个质点上的力，其大小与流体质量成正比，

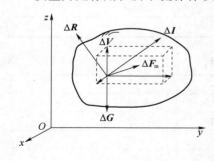

图 1-19 质量力分布

故称为质量力。质量力分布如图 1-19 所示。取质量为 ΔM 的流体微团，受到的重力 $\Delta G=\Delta M\cdot\boldsymbol{g}$、惯性力 $\Delta I=\Delta M\cdot\boldsymbol{a}$、离心力 $\Delta R=\Delta M\cdot\boldsymbol{r}\omega^2$，则合力 $\Delta F_m=\Delta G+\Delta I+\Delta R$，由于 $\Delta F_m=\Delta M\cdot\boldsymbol{a}_m=\Delta M(Xi+Yj+Zk)$ 或 $\mathrm{d}\boldsymbol{F}_m=\mathrm{d}M\cdot\boldsymbol{a}_m=\mathrm{d}M(Xi+Yj+Zk)$，则得到 $\boldsymbol{a}_m=\mathrm{d}\boldsymbol{F}_m/\mathrm{d}M=Xi+Yj+Zk$，其中 $\mathrm{d}\boldsymbol{F}_m$ 是作用在流体微团上的质量力，$\boldsymbol{a}_m$ 是单位质量力，其中 X、Y、Z 是单位质量力在三个坐标轴上的分量。

若存在某一个坐标函数 $U=U(x,y,z)$，其全微分 $\mathrm{d}U$ 等于单位质量力所做的微元功，$\mathrm{d}U=X\mathrm{d}x+Y\mathrm{d}y+Z\mathrm{d}z$，$U=U(x,y,z)$ 为质量力势函数或质量力有势，满足 $X=\dfrac{\partial U}{\partial x}$，$Y=\dfrac{\partial U}{\partial y}$，$Z=\dfrac{\partial U}{\partial z}$。

【例题 1-5】 重力场的质量分力如图 1-20 所示，试求重力场中平衡流体的质量力势函数。

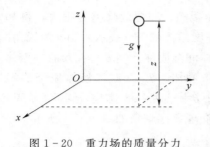

图1-20 重力场的质量分力

解：单位质量分力为 $X = Y = 0$，$Z = -g$，则微元功是 $\mathrm{d}U = \dfrac{\partial U}{\partial x}\mathrm{d}x + \dfrac{\partial U}{\partial y}\mathrm{d}y + \dfrac{\partial U}{\partial z}\mathrm{d}z = X\mathrm{d}x + Y\mathrm{d}y + Z\mathrm{d}z = -g\mathrm{d}z$，$U = -gz + C$，设基准面为 $z = 0$ 处，即零势面上的势函数值 $U = 0$，积分可得重力场中平衡流体的力势函数为 $U = -gz$。

1.5.2 表面力

表面力分布如图 1-21 所示。表面力是通过直接接触，作用在所取流体微团表面的力，其大小与表面面积成正比。沿内法线方向的表面力称为法向应力，以下标 n 表示，$\boldsymbol{F}_n = -\iint p \cdot \mathrm{d}A \cdot \boldsymbol{n}$；沿切向方向的表面力称为切向应力，以下标 τ 表示，$\boldsymbol{F}_\tau = \iint \tau \cdot \mathrm{d}A \cdot \boldsymbol{s}$。

注意：对于平衡流体，$\tau = \mu \dfrac{\mathrm{d}u}{\mathrm{d}y} = 0$，则 $\boldsymbol{F}_\tau = 0$。

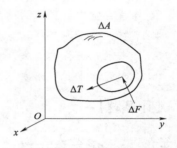

图1-21 表面力分布

1.6 液体的表面性质

在液体和气体、固体或另一不相混合的液体界面上，由于分子间的引力作用而产生的极其微小的拉力，称为表面张力。表面张力的存在使得液体始终有使其表面缩小的趋势，其结果是使自由表面受到张紧的力。表面张力分布在液球切开的周线上，与液体表面相切。表面张力 T 的大小用表面张力系数 σ 表示。生活中常见的水滴在枝头悬而不落，水黾在水面漫步而不下沉等现象（图 1-22），都是表面张力作用的结果。

表面张力
毛细现象

图1-22 表面张力的作用

表面张力不仅表现在液体与空气接触表面处，而且也表现在液体与固体接触的自由液面处，可形成润湿现象。不同液体与固体接触，润湿效果差异很大，例如水润湿玻璃，水银不润湿玻璃。润湿、不润湿的程度用接触角 θ 表示。当 θ 为锐角时，

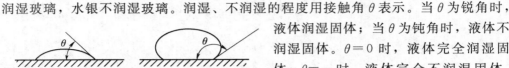

液体润湿固体；当 θ 为钝角时，液体不润湿固体。$\theta = 0$ 时，液体完全润湿固体；$\theta = \pi$ 时，液体完全不润湿固体，湿润现象接触角如图 1-23 所示。

图 1-23　湿润现象接触角

本章小结

思考题解答

计算题解答

【思考题】

1. 人在游自由泳时，是怎样通过下肢获得前进动力的？鱼呢？

2. 帆船怎样逆风行驶？

3. 停留在空中的风筝的受力情况是怎样的？

4. 不打开鸡蛋，怎样区分生鸡蛋和熟鸡蛋？

5. 自来水是怎样"自来"的？

6. 下水管的水封（水塞子）有什么作用？

【计算题】

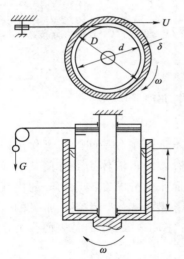

图 1-24　计算题 5 配图

1. 密度为 880kg/m³ 的液体动力黏度为 0.004Pa·s，其运动黏度为多少？

2. 20℃ 时，若使水的体积减小 0.1% 和 0.01%，压强应分别增加多少？

3. 温度为 10℃、体积为 2.6m³ 的水加热到 80℃，体积增加了多少？

4. 平板自身重量为 10N，面积为 2.5m²，板下涂满油，油膜厚度 $H = 0.5$mm，以速度 $U = 1$m/s 沿 $\theta = 45°$ 的斜平壁下滑。试求油的运动黏度和动力黏度。

5. 转筒式黏度计如图 1-24 所示，在两个同心圆筒之间充满待测液体，外筒匀速旋转，带动缝隙中的液体，并给内筒一个摩擦力矩。为保持内筒不动，通过连接在内筒外表面上的钢丝滑轮砝码组施加一个平衡力矩。已知内筒外直径 $d = 70$mm，外筒内直径 $D = 72$mm，同心环形缝隙与端面缝隙尺寸相等，内筒在液体中的深度 $l = 15$cm，外筒转速 $n = 36$r/min。对三种液体（重油、原油、轻油）分别测得其平衡砝码重量为 $G_1 = 1$N、$G_2 = 0.1$N、$G_3 = 0.01$N。试求这三种液体的动力黏度。

6. 液压缸如图 1-25 所示，为了检查液压

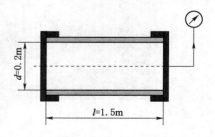

图 1-25　计算题 6 配图

缸的密封性，需要进行水压实验。实验前先将长 $l=1.5\text{m}$、直径 $d=0.2\text{m}$ 的油缸用水全部充满，然后开动加压泵向油缸供水加压，直到压强增加 200 个大气压，不出故障为止。忽略油缸变形，求实验过程中，通过泵向液压缸又供应了多少水？

第2章　流体静力学

流体静力学主要研究流体在外力作用下的平衡规律及其应用。流体的平衡状态又称为静止状态，包括重力场中的平衡，即流体与地球无相对运动；以及相对平衡，即流体相对非惯性坐标系无运动。流体处于平衡状态时没有剪切力，流体不体现黏性，故流体静力学所得结论对理想流体和黏性流体都是适用的。

研究静止流体中的法向力是十分重要的，例如，静止流体与固体的作用力有推倒混凝土重力坝（图2-1）的趋势，有可能摧毁运河闸门，流体产生的法向力也可能使压力容器爆炸。

图2-1　混凝土重力坝

2.1　流体静压强特性

当流体处于平衡或相对平衡状态时，作用在流体上的应力只有法向应力而没有切向应力，此时流体作用面上负的法向应力称为流体静压强。平均流体静压强的极限称为该点流体静压强或压应力，取流体微团，面积为 ΔA，压强示意图如图2-2所示，M 点压强为 $p = p(x, y, z)$，其压强大小可以表示为

$$p = \lim_{\Delta A \to 0} \frac{\Delta F}{\Delta A} = \frac{\mathrm{d}F}{\mathrm{d}A} \tag{2-1}$$

其中，面积微元矢量 $\mathrm{d}\boldsymbol{A} = \mathrm{d}A \cdot \boldsymbol{n}$，其中 $\boldsymbol{n}$ 是单位外法向矢量，故 $\mathrm{d}\boldsymbol{F} = -p\mathrm{d}A\boldsymbol{n}$，

则 $\boldsymbol{F} = -\iint_A p \, \mathrm{d}A\boldsymbol{n}$。

流体静压强具有以下两个特性：

（1）垂向性，即流体静压强的方向沿作用面的内法线方向。若压强不仅存在于法线方向，切线方向也存在分量，即亦存在切向压力，则产生流动，和静止矛盾。压强特性证明如图 2-3 所示。$\boldsymbol{n}$ 是单位外法向矢量。

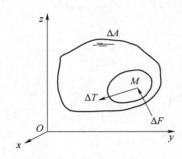

图 2-2 压强示意图

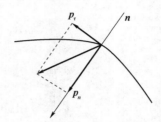

图 2-3 压强特性证明

（2）各向同性，即 $p = f(x, y, z)$，流体静压强大小与作用面方位无关。证明如下：在流体中取四面体流体微元，微元体边长分别为：$OA = \lim\limits_{\Delta x \to 0} \Delta x = \mathrm{d}x$，$OB = \lim\limits_{\Delta y \to 0} \Delta y = \mathrm{d}y$，$OC = \lim\limits_{\Delta z \to 0} \Delta z = \mathrm{d}z$，微元四面体如图 2-4 所示。流体处于平衡状态，质量力与表面力合力为零，即 $\mathrm{d}\boldsymbol{F}_m + \mathrm{d}\boldsymbol{P} = 0$。

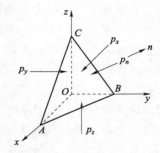

图 2-4 微元四面体

流体密度为 ρ，微元体三个方向质量力分别为 $\mathrm{d}F_{mx} = (\rho \mathrm{d}V)X = \dfrac{1}{6}\rho X \mathrm{d}x\mathrm{d}y\mathrm{d}z$，$\mathrm{d}F_{my} = (\rho \mathrm{d}V)Y = \dfrac{1}{6}\rho Y \mathrm{d}x\mathrm{d}y\mathrm{d}z$，

$\mathrm{d}F_{mz} = (\rho \mathrm{d}V)Z = \dfrac{1}{6}\rho Z \mathrm{d}x\mathrm{d}y\mathrm{d}z$。斜面 ABC 外法线方向的单位矢量为 $\boldsymbol{n}$，与三个坐标轴正向夹角分别为 α、β、γ。微元体三个方向表面力分别为

$$\mathrm{d}P_x = p_x \frac{1}{2}\mathrm{d}y\mathrm{d}z - p_n \Delta ABC\cos \alpha$$

$$\mathrm{d}P_y = p_y \frac{1}{2}\mathrm{d}x\mathrm{d}z - p_n \Delta ABC\cos \beta$$

$$\mathrm{d}P_z = p_z \frac{1}{2}\mathrm{d}x\mathrm{d}y - p_n \Delta ABC\cos \gamma$$

因为 $\Delta ABC \cdot \cos \alpha = \dfrac{1}{2}\mathrm{d}y\mathrm{d}z$，$\Delta ABC \cdot \cos \beta = \dfrac{1}{2}\mathrm{d}x\mathrm{d}z$，$\Delta ABC \cdot \cos \gamma = \dfrac{1}{2}\mathrm{d}x\mathrm{d}y$，则有 $\mathrm{d}P_x = p_x \dfrac{1}{2}\mathrm{d}y\mathrm{d}z - p_n \dfrac{1}{2}\mathrm{d}y\mathrm{d}z = (p_x - p_n)\dfrac{1}{2}\mathrm{d}y\mathrm{d}z$。

$$dP_y = p_y \frac{1}{2} dy dz - p_n \frac{1}{2} dx dz = (p_y - p_n) \frac{1}{2} dx dz$$

$$dP_z = p_z \frac{1}{2} dx dy - p_n \frac{1}{2} dx dy = (p_x - p_n) \frac{1}{2} dx dy$$

综合所述，有

$$d\boldsymbol{F}_m = \frac{1}{6} \rho dx dy dz X\boldsymbol{i} + \frac{1}{6} \rho dx dy dz Y\boldsymbol{j} + \frac{1}{6} \rho dx dy dz Z\boldsymbol{k}$$

分量式为

$$\rho \frac{1}{6} X dx dy dz + (p_x - p_n) \frac{1}{2} dy dx = 0$$

$$\rho \frac{1}{6} Y dx dy dz + (p_y - p_n) \frac{1}{2} dx dz = 0$$

$$\rho \frac{1}{6} Z dx dy dz + (p_z - p_n) \frac{1}{2} dx dy = 0$$

略去高阶无穷小量，可得 $p_x = p_y = p_z = p_n$，若 $dx \rightarrow 0$，$dy \rightarrow 0$，$dz \rightarrow 0$，四面体缩为一个点，则任何方向作用于一点上的流体静压强均相等。

➤思考——流体力学与固体力学的区别有哪些？

研究对象性质不同。流体质点的受力不完全相同，是分布力，不宜作为集中力处理。流体无固定形状，而固体有固定形状和体积，受力位置确定，容易作为集中力处理。解决问题的过程不同，对流体而言，先确定压强空间分布规律，总的受力可用数学方法解决，固体不必如此。解决问题的着眼点不同，研究流体用相对微观方式研究内部质点受力；研究固体用宏观方式研究整体受力。解决问题的用途不同，流体力学研究中确定压强的空间分布规律，是为了解决流体对固体边界（如容器或壁面）的作用力问题；而固体力学则解决外力作用下固体所产生的位移、运动、应力、应变等问题。

2.2　流体平衡微分方程

2.2.1　欧拉平衡方程式

➤思考——怎样找压强与空间位置的关系？

利用微元法。已知条件为力平衡方程，求证条件为 $p = p(x, y, z)$。

微元六面体如图 2-5 所示，在静止流体中取微元六面体边长分别是 dx、dy、dz，密度为 ρ，假设中心点 $K(x, y, z)$ 的压强为 p，所受质量力 $\Delta \boldsymbol{F}_m = \rho dx dy dz$ $(X\boldsymbol{i} + Y\boldsymbol{j} + Z\boldsymbol{k})$，$X$、$Y$、$Z$ 是单位质量在三个坐标方向的分量。下面沿 x 方向分析表面力，取泰勒展开式的前两项，则 $ABCD$ 面上的总压力为 $\left(p - \frac{1}{2} \frac{\partial p}{\partial x} dx\right) dy dz$，

$EFGH$ 面上的总压力为 $\left(p + \frac{1}{2} \frac{\partial p}{\partial x} dx\right) dy dz$，该微元体处于平衡状态，可以得到平

衡方程式 $\left(p-\dfrac{1}{2}\dfrac{\partial p}{\partial x}\mathrm{d}x\right)\mathrm{d}y\mathrm{d}z-\left(p+\dfrac{1}{2}\dfrac{\partial p}{\partial x}\mathrm{d}x\right)\mathrm{d}y\mathrm{d}z+X\rho\mathrm{d}x\mathrm{d}y\mathrm{d}z=0$，

整理后得

$$\begin{cases} X-\dfrac{1}{\rho}\dfrac{\partial p}{\partial x}=0 \\[2mm] Y-\dfrac{1}{\rho}\dfrac{\partial p}{\partial y}=0 \\[2mm] Z-\dfrac{1}{\rho}\dfrac{\partial p}{\partial z}=0 \end{cases} \qquad [2-2（a）]$$

或者

$$\boldsymbol{F}-\dfrac{1}{\rho}\nabla p=0 \qquad\qquad [2-2（b）]$$

其中，$\nabla p=\mathrm{grad}\,p=\dfrac{\partial p}{\partial x}\boldsymbol{i}+\dfrac{\partial p}{\partial y}\boldsymbol{j}+\dfrac{\partial p}{\partial z}\boldsymbol{k}\left(\nabla=\dfrac{\partial}{\partial x}\boldsymbol{i}+\dfrac{\partial}{\partial y}\boldsymbol{j}+\dfrac{\partial}{\partial z}\boldsymbol{k}\right.$ 为哈密顿算子$\left.\right)$。

式（2-2）为欧拉平衡方程式，是瑞士数学家和力学家欧拉在 1775 年首先导出的，又称为流体的平衡微分方程式，普遍适用于任何流体。该式表明，在静止流体中各点单位质量流体所受的质量力和表面力相平衡。

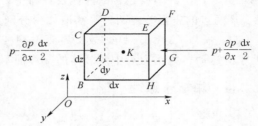

图 2-5 微元六面体

2.2.2 压强微分公式

⊿思考——图 2-5 中 $p=p\,(x,\,y,\,z)$ 如何求出？

对式 [2-2（a）] 两边乘以微分线段 $\mathrm{d}x$、$\mathrm{d}y$、$\mathrm{d}z$ 后相加后得到

$$X\mathrm{d}x+Y\mathrm{d}y+Z\mathrm{d}z-\dfrac{1}{\rho}\left(\dfrac{\partial p}{\partial x}\mathrm{d}x+\dfrac{\partial p}{\partial y}\mathrm{d}y+\dfrac{\partial p}{\partial z}\mathrm{d}z\right)=0$$

其中，括号内为压强 $p=p\,(x,\,y,\,z)$ 的全微分，可以得到

$$\mathrm{d}p=\rho\,(X\mathrm{d}x+Y\mathrm{d}y+Z\mathrm{d}z) \qquad\qquad (2-3)$$

式（2-3）称为欧拉平衡方程式的全微分形式，或压强微分公式。该式表明在质量力一定时，在平衡状态中的同一种流体内部，静压强的增量取决于坐标的增量值。

由质量力势函数的全微分式 $\mathrm{d}U=X\mathrm{d}x+Y\mathrm{d}y+Z\mathrm{d}z$，联立式（2-3）可得

$$\mathrm{d}p=\rho\mathrm{d}U \qquad p=p_0+\rho\,(U-U_0)$$

式中　p_0、p——基准点和任一点的压强；

$\quad\quad U-U_0$——从基准点到任一点单位质量力做的功，只与质量力有关，与路径无关。

2.2.3 等压面微分方程式

流体中压强相等的各点组成的平面或曲面被称为等压面。在等压面上 $p=C$，$\mathrm{d}p=0$，则 $\mathrm{d}p=\rho\,(X\mathrm{d}x+Y\mathrm{d}y+Z\mathrm{d}z)=0$

由此可以得到

$$Xdx+Ydy+Zdz=0 \qquad\qquad (2-4)$$

式（2-4）即为微分形式的等压面方程，下面重点讨论等压面的四个性质。

（1）等压面也是等势面。由 $dp=\rho dU$，$p=p_0+\rho(U-U_0)$，可得 $U=C'$，质量力势函数等于常数的面称为等势面。

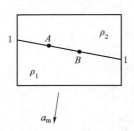

图 2-6　两种平衡液体的交界面

（2）等压面与质量力垂直。由式（2-4）可得 $\boldsymbol{a}_m \cdot d\boldsymbol{s}=0$，其中 $\boldsymbol{a}_m$ 为单位质量力，$d\boldsymbol{s}$ 为该点任一线矢量，两矢量点积为零，说明两矢量相互垂直。

（3）重力场中的等压面是水平面。

（4）两种不相混合的平衡液体的交界面是等压面，如图 2-6 所示。

证明：如图 2-6 所示，假定容器与地球有相对运动，两种不相混合的液体在容器中处于平衡状态。如果 1-1 不是等压面，则 A、B 两点的压强差在两种平衡液体中分别为 $dp=\rho_1 dU$，$dp=\rho_2 dU$，因为 $0=(\rho_2-\rho_1)dU$，所以 $dU=dp=0$，故交界面 1-1 必须是等压面、等势面。如果容器对地球无相对运动，则重力场中两液体的交界面不但是等压面而且是水平面。

2.2.4　帕斯卡原理

▲思考——$p=p_0+\rho(U-U_0) \Rightarrow \Delta p=\Delta p_0$

帕斯卡原理：在平衡状态下的不可压缩流体中，任意一点的压强变化必将等值地传递到流体的其他各点上。

帕斯卡原理的重要应用是，放大作用力，例如水压机、油压机、液压千斤顶、液压制动闸等，水压机原理如图 2-7 所示。

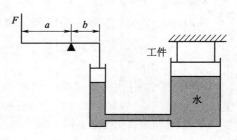

图 2-7　水压机原理

▲思考——关于等压面的几个问题。

1. 下面的说法是否正确？

（1）气体与液体交界面称为自由表面，那么自由表面一定是等压面吗？

（2）等压面一定是水平面吗？

2. 图 2-8 中哪些情况不符合帕斯卡原理？

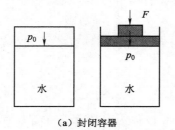

（a）封闭容器　　　　　　（b）敞口容器

图 2-8　封闭容器和敞口容器

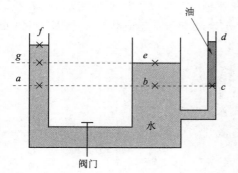

图 2-9 等压面选取示意图

3. 图 2-9 中的等压面有哪些?

2.2.5 平衡微分方程的应用

1. 容器作匀加速直线运动

【例题 2-1】 在等加速槽车(或汽车油箱)中的自由表面,如图 2-10 所示。盛有液体的容器沿着与水平基面呈 α 角度的斜面向下以加速度 a 做匀加速直线运动。求容器中自由表面的形状和等压面的形状。

解: 将运动坐标系取在容器上,原点在自由表面上。液体的每个质点均受两种质量力:一是与运动方向相反的虚拟惯性力 $\Delta \boldsymbol{I} = \Delta Ma$,二是重力 $\Delta \boldsymbol{G} = \Delta M\boldsymbol{g}$。

单位质量力为

$$\boldsymbol{a}_m = X\boldsymbol{i} + Y\boldsymbol{j} + Z\boldsymbol{k} = \boldsymbol{a} + \boldsymbol{g}$$

单位质量分力为

$$\begin{cases} X = 0 \\ Y = a\cos \alpha \\ Z = a\sin \alpha - g \end{cases} \quad (2-5)$$

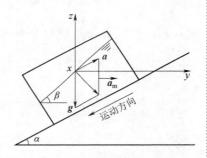

图 2-10 匀加速直线运动

将式(2-5)代入到等压面微分方程式 $X\mathrm{d}x + Y\mathrm{d}y + Z\mathrm{d}z = 0$ 中,得

$$a\cos \alpha \mathrm{d}y + (a\sin \alpha - g)\mathrm{d}z = 0$$

则 $\dfrac{\mathrm{d}z}{\mathrm{d}y} = \dfrac{a\cos \alpha}{g - a\sin \alpha} = \tan \beta$,即等压面的斜率。

结论: 等压面(包括自由表面)是与水平基面成倾角 β 的一簇平行平面,这簇平面与单位质量力的方向垂直。注意特例:当 $\alpha = 0$ 时 $\tan \beta = a/g$。

2. 容器作等角速度回转运动

等角速度回转运动的例子有旋风分离器、袋式除尘器、离心铸造器等。

【例题 2-2】 盛有一定量液体的圆形容器绕 z 轴以角速度 ω 做旋转运动,如图 2-11 所示。求等压面方程及自由表面方程。

解: 作用在半径为 r 的圆边线处的液体质点上的单位质量力沿坐标轴的分量为

$$X = \omega^2 r\cos \alpha = \omega^2 x, \quad Y = \omega^2 r\sin \alpha = \omega^2 y, \quad Z = -g$$

代入压强差公式得

$$\mathrm{d}p = \rho(\omega^2 x\mathrm{d}x + \omega^2 y\mathrm{d}y - g\mathrm{d}z)$$

积分得

$$p = \rho\left(\frac{\omega^2 x^2}{2} + \frac{\omega^2 y^2}{2} - gz\right) + C = \rho g\left(\frac{\omega^2 r^2}{2g} - z\right) + C$$

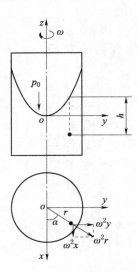

图 2-11　等角速度旋转运动

根据边界条件：$r_0 = 0$，$z = 0$ 时 $p_0 = p$，代入公式得积分常数 $c = p_0$，故有等角速旋转容器中液体静压强的分布规律

$$p = p_0 + pg\left(\frac{\omega^2 r^2}{2g} - z\right)$$

将质量力代入等压面方程得

$$\omega^2 x \mathrm{d}x + \omega^2 y \mathrm{d}y - g \mathrm{d}z = 0$$

积分得

$$\frac{\omega^2 r^2}{2} - gz = C_1 \qquad (2-6)$$

式（2-6）即为容器作等角速度回转运动等压面方程，是以 z 轴为旋转轴的旋转抛物面方程，不同的积分常数 C_1 代表不同的等压面。用下标 s 表示自由表面上点的坐标，由于在自由表面上的任意一点都有

$p = p_0$，因此由静压强的分布规律可得自由表面的方程为

$$\frac{\omega^2 r_s^2}{2} - gz_s = 0 \qquad (2-7)$$

如果考察的是相同半径 r 处的情况，则由式（2-7）得液面下任一点处有

$$\frac{\omega^2 r^2}{2g} = \frac{\omega^2 r_s^2}{2g} = z_s \qquad (2-8)$$

将式（2-8）代入静压强分布规律得

$$p = p_0 + \rho g \ (z_s - z) = p_0 + \rho gh$$

结论： 等角速旋转容器中液体相对平衡时，液体内任一点的静压强仍然是液面上的压强 p_0 与淹没深度为 h、密度为 ρ 的液柱产生的压强 ρgh 之和。

⊿**思考**——顶盖中心开口的旋转容器如图 2-12 所示。顶盖边缘开口的旋转容器如图 2-13 所示。这两个特例，情况有何不同？（两图中 p_a 为大气压强）

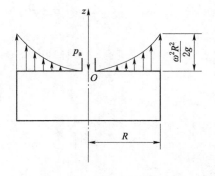

图 2-12　顶盖中心开口的旋转容器

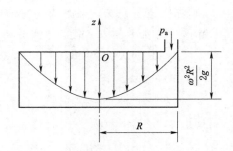

图 2-13　顶盖边缘开口的旋转容器

2.3 静力学基本方程

重力场中的平衡流体是流体静力学的主要研究对象，按流体密度是否发生变化，分为不可压缩和可压缩两种情况，首先讨论不可压缩流体。

重力场中质量力只有重力，设 z 轴铅直向上，静止流体如图 2-14 所示，则 $X=Y=0$，$Z=-g$，代入式（2-3）可得 $\mathrm{d}p=-\rho g\mathrm{d}z$。

积分得

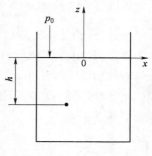

图 2-14 静止流体

$$p=-\rho gz+C \qquad (2-9)$$

式（2-9）可改写为

$$z+\frac{p}{\rho g}=C \qquad (2-10)$$

式（2-10）称为不可压缩流体的静力学基本方程，适用于重力作用下静止的不可压缩流体。式中 $z+\dfrac{p}{\rho g}$ 表示单位重量液体具有的总势能，称为测压管水头，又称为静水头。其中 z、p 为平衡流体中任何一点的铅直坐标及静压强，常数 C 可由边界条件确定。$p/\rho g$ 称为压强水头，表示单位重量流体的压势能；z 称为位置水头，表示单位重量流体的位势能。静力学基本方程的物理意义为当连续不可压缩的重力流体处于平衡状态时，各点的总势能是一定的。静力学基本方程物理意义示意如图 2-15 所示。在图 2-15（a）中，1、2 两点的静压强基本公式为 $z_1+\dfrac{p_1}{\rho g}=z_2+\dfrac{p_2}{\rho g}$，图 2-15（b）中 A、B 两点的静压强基本公式为

$$z+h+\frac{p_0}{\rho g}=(z+h_p)+0$$

其中 $h_p=\dfrac{p}{\rho g}$。

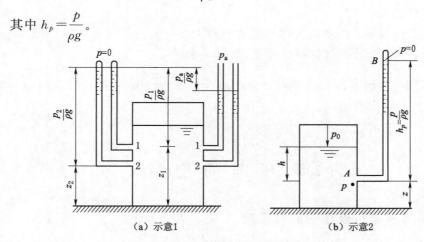

（a）示意1　　　　　　　（b）示意2

图 2-15 静力学基本方程物理意义示意

思考——静压强基本公式即式（2-10）中的积分常数 C 如何确定？

可以用平衡液体自由表面上的边界条件来确定。

如图 2-14 所示建立坐标系，当 $z=z_0$ 时 $p=p_0$，则 $z+\dfrac{p}{\rho g}=z_0+\dfrac{p_0}{\rho g}$，或 $p=p_0+\rho g(z_0-z)=p_0+\rho gh$。若 $p_0=p_a$（p_a 为大气压强），则 $p=\rho gh$，由此可以说明流体静压强由自由表面上的压强 p_0 和单位截面上液柱重量 ρgh 两部分组成。静压强分布如图 2-16 所示。

流体静压强分布图可以辅助分析，流体静压强分布图示意如图 2-17 所示，具体步骤如下：

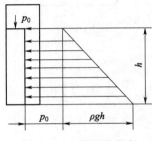

图 2-16　静压强分布

（1）由静压方程确定作用面上压强的大小，根据压强的垂向性确定压强的方向。

（2）箭头的方向沿作用面的内法线方向，线段的长度与该点的压强大小成比例。

（3）平面上的压强箭头尾端连线是一直线。曲面上的压强箭头尾端连线是一曲线。

（4）大气压的作用在各个方向上是平衡的，只需绘制相对压强的分布图。

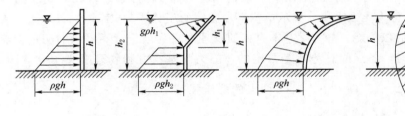
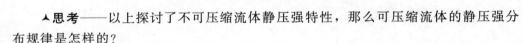
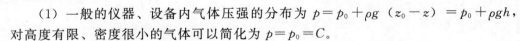
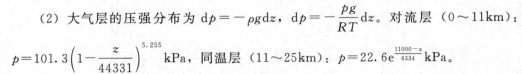

图 2-17　流体静压强分布图示意

可压缩流体的压强变化

思考——以上探讨了不可压缩流体静压强特性，那么可压缩流体的静压强分布规律是怎样的？

（1）一般的仪器、设备内气体压强的分布为 $p=p_0+\rho g\,(z_0-z)=p_0+\rho gh$，对高度有限、密度很小的气体可以简化为 $p=p_0=C$。

（2）大气层的压强分布为 $\mathrm{d}p=-\rho g\mathrm{d}z$，$\mathrm{d}p=-\dfrac{pg}{RT}\mathrm{d}z$。对流层（$0\sim11\mathrm{km}$）：

$p=101.3\left(1-\dfrac{z}{44331}\right)^{5.255}\mathrm{kPa}$，同温层（$11\sim25\mathrm{km}$）：$p=22.6\mathrm{e}^{\frac{11000-z}{6334}}\mathrm{kPa}$。

2.4　压强的度量

2.4.1　绝对压强、表压强、真空度

不可压缩平衡液体的自由表面若与大气连通，则 $p_0=p_a$，$p=p_a+\rho gh$。对于压

强的大小，从不同的基准算起就有不同的表示方法。

以绝对真空状态的压强为零点计量的压强，称为绝对压强，以 p_{abs} 表示；以当地大气压 p_a 作为零点计量的压强值，称为相对压强，其中比当地大气压高的压强称为表压强或计示压强，以 p 或 p_e 表示；比当地大气压低的压强称为真空度，用 p_v 表示。绝对压强、表压强、真空度的关系如图 2-18 所示。

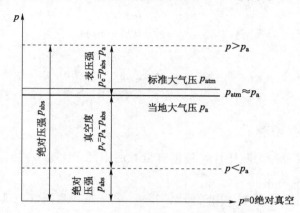

图 2-18 绝对压强、表压强、真空度的关系

静压强的计量单位：

（1）应力单位。$Pa = N/m^2$；工程中常用 bar 为单位，$1bar = 10^5 Pa$。

（2）液柱高度单位。常用单位有米水柱（mH_2O）、毫米汞柱（mmHg），不同液柱高度的换算关系由 $p = \rho g_1 h_1 = \rho g_2 h_2$ 求得，$h_2 = \dfrac{\rho_1}{\rho_2} h_1$。

（3）大气压单位。标准大气压（atm）是在北纬 45°海平面上 15℃时测定的数值。$1atm = 760mmHg = 1.033kgf/cm^2 = 1.01325bar = 1.01325 \times 10^5 Pa$。工程中为计算方便通常认为：$1atm = 1bar = 10^5 Pa$。

【例题 2-3】 已知 $h_1 = 600mm$，$h_2 = 250mm$，$h_3 = 200mm$，$h_4 = 300mm$，$h_5 = 500mm$，$\rho_1 = 1000kg/m^3$，$\rho_2 = 800kg/m^3$，$\rho_3 = 13598kg/m^3$，如图 2-19 所示。求 A、B 两点的压强差。

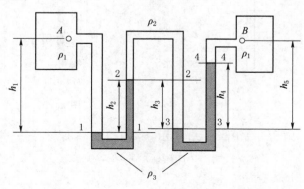

图 2-19 例题 2-3 用图

解：图中断面 1—1、断面 2—2、断面 3—3 均为等压面，可以逐个写出有关点的静压强为

$$p_1 = p_A + \rho_1 g h_1$$
$$p_2 = p_1 - \rho_3 g h_2$$
$$p_3 = p_2 + \rho_2 g h_3$$
$$p_4 = p_3 - \rho_3 g h_4$$
$$p_B = p_4 - \rho_1 g \ (h_5 - h_4)$$

联立求解得

$$p_B = p_A + \rho_1 g h_1 - \rho_3 g h_2 + \rho_2 g h_3 - \rho_3 g h_4 - \rho g \ (h_5 - h_4) \ A、B \ 两点的压强差为$$
$$p_A - p_B = \rho_1 g \ (h_5 - h_4 - h_1) + p_3 g \ (h_2 + h_4) - \rho_2 g h_3 = 69189 \text{Pa}$$

2.4.2　静压强的测量

测量压强的仪表称为测压计，根据测量方法不同，主要有三种：

1. 液柱式（测压管）

液柱式精度高、量程小，用于低压实验。常见的有测压管、U 型测压计、差压计、微压计等。

（1）测压管。测压管由一根细直玻璃管直接连在需要测量的设备上，管上端与大气相通，如图 2—20 所示。为避免毛细管作用的影响，测压管的直径一般为 5～10mm，图 2—20 （a）中，表压强为 $p = \rho g h$，图 2—20 （b）中，真空度 $p_v = \rho g h$。

（2）U 型测压计。当被测压强或压强差的绝对值较大时，可用以水银为工作介质的 U 型管测压计，如图 2—21 所示。图 2—21 （a）中，$p_1 = p + \rho g h_2$，$p_2 = p_a + \rho' g h_1$，因为 $p_1 = p_2$，所以 $p + \rho g h_2 = p_a + \rho' g h_1$，$p = p_a + \rho' g h_1 - \rho g h_2$；图 2—22 （b）中，$p_1 = p + \rho g h_1 + \rho' g h_2$，$p_2 = p_a$，$p_v = p_a - p = \rho' g h_2 + \rho g h_1$。

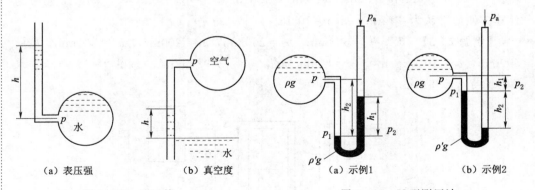

| （a）表压强 | （b）真空度 |（a）示例1|（b）示例2|

图 2—20　测压管　　　　　　图 2—21　U 型测压计

（3）差压计。差压计如图 2—22 所示，由于 1、2 两点在同一等压面上，故有

$$p_A + \rho_1 g h_1 = p_B + \rho_1 g h_2 + \rho_2 g h$$

A、B 两点的压强差为

$$\Delta p = p_A - p_B = \rho_2 g h + \rho_1 g h_2 - \rho_1 g h_1 = (\rho_2 - \rho_1) g h$$

若被测流体为气体，由于气体的密度很小，$\rho_1 gh$ 可以忽略不计。

（4）微压计。测量较小压强或压强差的仪器叫微压计。斜管式微压计如图 2-23 所示，容器直径为 D，测管直径为 d，仪器的原始液面为 $0-0$，当待测的气体压强 p（$p > p_a$）引入容器后，容器中的液面下降 Δh，测管中液面上升 h，形成平衡，于是有

$$p - p_a = \rho g \ (h + \Delta h) \tag{2-11}$$

从原始液面算起，上下变动的液体体积应该相等，即

$$\frac{\pi}{4} D^2 \Delta h = \frac{\pi}{4} d^2 l$$

故

$$\Delta h = \left(\frac{d}{D}\right)^2 l \tag{2-12}$$

将式（2-12）代入式（2-11），整理得

$$p - p_a = \rho g \left[h + l \left(\frac{d}{D}\right)^2 \right] = \rho g l \left[\sin \alpha + \left(\frac{d}{D}\right)^2 \right]$$

$$p = p_a + \rho g l \left[\sin \alpha + \left(\frac{d}{D}\right)^2 \right]$$

如果忽略容器中的液面变化 $\left(\frac{d}{D}\right)^2 \approx 0$，可得 $p = p_a + \rho g l \sin \alpha$

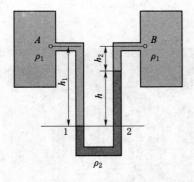

图 2-22　差压计

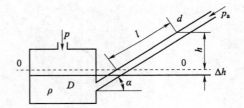

图 2-23　斜管式微压计

杯式二液微压计如图 2-24 所示，两杯中分别装有互不相混但密度相近的两种工作液体，杯径为 D，U 型管直径为 d。图 2-24（a）中初始平衡状态有 $\rho_1 g h_1 = \rho_2 g h_2$，图 2-24（b）中两杯有压强差时，U 型管与杯中升降的体积相等，

即

$$\Delta h \cdot \frac{\pi}{4} D^2 = h \frac{\pi}{4} d^2$$

故

$$\Delta h = h \left(\frac{d}{D}\right)^2$$

变动后的平衡基本公式为

$$p_1 + \rho_1 g (h_1 - \Delta h - h) = p_2 + \rho_2 g (h_2 + \Delta h - h)$$

整理得

$$\Delta p = p_1 - p_2 = h\left[(\rho_1 g - \rho_2 g) + (\rho_1 g + \rho_2 g)\left(\frac{d}{D}\right)^2\right]$$

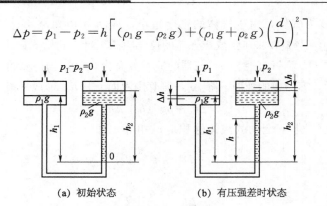

(a) 初始状态　　　　　　　(b) 有压强差时状态

图 2-24　杯式二液微压计

结论：U 型管与杯直径之比越小，两种液体的重度差越小，则微压计读数越大，放大效果越显著。

2. 金属式测压仪

金属式测压仪的原理是使待测压强与金属弹性元件的变形成比例，特点是量程较大，用于液压传动。金属式测压仪如图 2-25 所示。

3. 电测式测压仪

电测式测压仪的原理是将弹性元件的机械变形转化成电阻、电容、电感等电量的变化。特点为便于远距离及动态测量。电测式测压仪如图 2-26 所示。

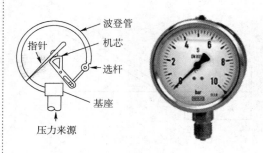

图 2-25　金属式测压仪

图 2-26　电测式测压仪

2.5　静止流体在固体壁面上的总压力

在生活生产中常见静止流体和固体壁面之间作用力的计算问题，例如油箱、水箱、密封容器、管道、锅炉、水池、桥墩、水闸及堤坝等结构物的强度，液体中潜浮物体的受力，以及液压油缸、活塞及各种形状阀门的受力，既有流体对平面的作用力，也有对曲面的作用力。由于平面和曲面两侧通常直接或间接受到大气压强的作用，故可以相互抵消，在计算过程中通常使用相对压强进行分析。

人思考——流体静压力如何进行计算？

空间分布力系的合力求解问题，可通过以下两点进行分析：

1. 力的大小、方向、作用点位置

（1）压强分布图。

（2）平行移轴定理（面积矩、惯性矩、惯性积）。

（3）空间力系力矩定理。

2. 静压力影响因素

（1）壁面形状（平面、柱面、三维曲面）。

（2）壁面上的流体静压强分布规律。

2.5.1 静止流体在平面上的总压力

【例题 2-4】 已知平面 A 与液面成 α 倾角，不可压缩流体，液面为大气压，平面上的液体总压力如图 2-27 所示，求相对压强在平面 A 上产生的总压力。

解： 建立坐标系，找出压强分布规律。平面 A 在 xOy 平面内，假定形心 C 及压力中心 D，压力中心是总压力作用线和平面的交点，是总压力的作用点。形心点 C 的淹没深度为 h_C，到 Ox 轴的距离为 y_c。取微元面积 $\mathrm{d}A$，微元上的静压力为

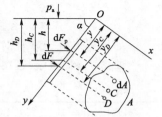

图 2-27 平面上的
液体总压力

$$\mathrm{d}F = p\mathrm{d}A = \rho g h \mathrm{d}A = \rho g y \sin\alpha \mathrm{d}A$$

则平面 A 上的静压力为

$$F = \iint_A \mathrm{d}F = \rho g \sin\alpha \iint_A y\mathrm{d}A$$

其中 $\iint_A y\mathrm{d}A = y_C A$ 为平面 A 对 Ox 轴的面积矩，根据 y 与 h 的关系可得 $y_C \sin\alpha = h_C$，故有

$$F = \rho g h_C A \qquad\qquad (2-13)$$

式（2-13）表明，作用在平面上的静压力的大小等于形心处的压强乘以平面面积。

⌇思考——总压力作用线在什么位置？求压力中心 D 在 y 方向上的坐标。

根据合力矩定理：合力对任一轴的力矩等于各分力对该轴的力矩之和。对 Ox 轴取矩，有 $F_{y_D} = \iint_A y\mathrm{d}F$，即 $\rho g y_C \sin\alpha A y_D = \rho g \sin\alpha \iint_A y^2\mathrm{d}A$，其中 $\iint_A y^2\mathrm{d}A = I_x$ 是平面面积 A 对 x 轴的惯性矩，因此有

$$y_D = \frac{I_x}{y_C A} \qquad\qquad (2-14)$$

式（2-14）为压力中心 D 在 y 方向上的坐标，式中用 I_C 表示面积 A 对于 C 轴的惯性矩，C 轴通过形心且与 Ox 轴平行，则由材料力学中的惯性矩平行换轴公式可得

$$I_x = I_{Cx} + y_C^2 A \qquad\qquad (2-15)$$

将式（2-15）代入式（2-14）得

$$y_D = y_C + \frac{I_{Cx}}{y_C A} \tag{2-16}$$

由式（2-16）可知，$\dfrac{I_{Cx}}{y_C A} > 0$，故 $y_D > y_C$，$y_D - y_C = \dfrac{I_{Cx}}{y_C A} > 0$。部分常见图形的几何特征量见表 2-1。

结论：压力中心 D 恒在平面形心 C 下方。

△思考——如何求压力中心 D 在 x 方向上的坐标。

$$x_D = \frac{\iint_A x \, \mathrm{d}F}{F} = \frac{\rho g \sin \alpha \iint_A x y \, \mathrm{d}A}{\rho g h_c A} = \frac{\rho g \sin \alpha I_{xy}}{\rho g \sin \alpha y_c A} = \frac{I_{xy}}{y_c A}$$

式中，$\iint_A x y \, \mathrm{d}A = I_{xy}$ 是平面面积 A 对 x、y 轴的惯性积，用 I_{xyC} 表示面积 A 对过形心的轴的惯性积，有 $I_{xy} = I_{xyc} + x_c y_c A$，可得

$$x_D = x_C + \frac{I_{xyC}}{y_c A} \tag{2-17}$$

如果图形关于 y 轴对称，则 $x_D = x_C$。

注意：坐标原点选在平面与自由表面的交点处。

表 2-1　　　　　　　　　　　部分常见图形的几何特征量

几何图形名称	尺寸	面积	形心坐标	对通过形心轴的惯性矩 I_{Cx}
矩形	宽 b，高 h	bh	$\frac{1}{2}h$	$\frac{1}{12}bh^3$
三角形	底 b，高 h	$\frac{1}{2}bh$	$\frac{2}{3}h$	$\frac{1}{36}bh^3$
半圆	直径 d	$\frac{\pi}{8}d^2$	$\frac{4r}{3\pi}$	$\frac{(9\pi^2-64)}{72\pi}r^2$
梯形	上底 b，下底 a，高 h	$\frac{h}{2}(a+b)$	$\frac{h}{3} \cdot \frac{(a+2b)}{(a+b)}$	$\frac{h^3}{36}\left[\frac{a^2+4ab+b^2}{a+b}\right]$
圆	直径 d	$\frac{\pi}{4}d^2$	$\frac{d}{2}$	$\frac{\pi}{64}d^4$
椭圆	长轴 b，短轴 h	$\frac{\pi}{4}bh$	$\frac{h}{2}$	$\frac{\pi}{64}bh^3$

【例题 2-5】　铅直放置的矩形平板闸门如图 2-28 所示。已知 $h=1\mathrm{m}$，闸门高度 $H=2\mathrm{m}$，宽度 $B=1.2\mathrm{m}$，求总压力及其作用点位置。

解：闸门的面积 $A = BH = 1.2 \times 2 = 2.4 \mathrm{m}^2$，形心在水下的深度 $h_c = h + \dfrac{H}{2} = 1 +$

$\dfrac{2}{2}=2\text{m}$，惯性矩 $I_{Cx}=\dfrac{BH^3}{12}=\dfrac{1.2\times 2^3}{12}=0.8\text{m}^4$

总压力 $F=\rho g h_c A=9.8\times 1000\times 2\times 2.4=47.04\text{kN}$

作用点 D 在水下的深度为

$$y_D=y_C+\frac{I_{Cx}}{y_C A}=h_c+\frac{I_{Cx}}{h_c A}=2+\frac{0.8}{2\times 2.4}\approx 2.17\text{m}$$

【例题 2-6】 矩形平面上流体总静压力的图解法如图 2-29 所示。对于宽度为 B、高度为 H 的平板矩形闸门，求总压力和压力中心的位置。

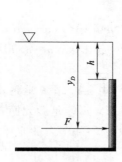

图 2-28 矩形平面闸门

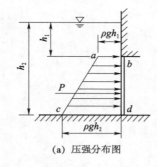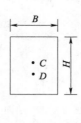

(a) 压强分布图　　(b) 矩形平面

图 2-29 矩形平面上流体总静压力的图解法

解：首先绘制压强分布图，总压力的大小等于压强分布图的面积 S 乘以受压面的宽度 B，即 $F=BS$。总压力的作用线通过压强分布图的形心，作用线与受压面的交点，就是总压力的作用点 D。

根据图中已知参数，总压力 $F=BS=B\dfrac{(\rho g h_1+\rho g h_2)}{2}H=\rho g B H\dfrac{h_1+h_2}{2}$，压力

中心 $y_D=\dfrac{H}{3}\dfrac{\rho g h_1+2\rho g h_2}{\rho g h_1+\rho g h_2}+h_1=\dfrac{H}{3}\dfrac{h_1+2h_2}{h_1+h_2}+h_1$。

矩形平面上流体总静压力的图解法对在液体中直立或倾斜的平面都同样适用。

结论：总压力的大小等于压强分布图的面积乘以宽度，即压力棱柱的体积，压力棱柱如图 2-30 所示。作用点在压力棱柱的重心位置。

◤思考——三峡大船闸如图 2-31 所示，其单侧受力如何计算？

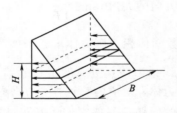

图 2-30 压力棱柱

图 2-31 三峡大船闸

2.5.2　静止流体在曲面上的作用力

作用在曲面不同点的静压强的大小和方向都不同，其组成一空间力系。以二维柱面为例，柱面上的流体静压力如图 2-32 所示，柱面在坐标面 xOz 上的投影为一条 ab 曲线，沿 y 方向没有作用力。

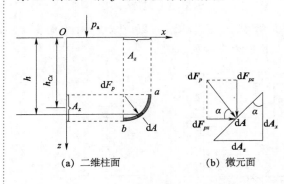

图 2-32　柱面上的流体静压力

在柱面上取一微元面 dA，液体作用在该微元面积上的微元总压力为 $dF = PdA = \rho g h dA$，在坐标轴上的投影分别为

$$\begin{cases} dF_x = \rho g h dA\cos\alpha = \rho g h dA_x \\ dF_z = \rho g h dA\sin\alpha = \rho g h dA_z \end{cases}$$

$$(2-18)$$

式（2-18）中 dA_x 是微元面 dA 在铅垂面上的投影，dA_z 是微元面 dA 在水平面上的投影。总压力的水平分力和垂直分力为

$$\begin{cases} F_x = \iint_A dF_x = \iint_A \rho g h \, dA_x = \rho g \iint_A h \, dA_x \\ F_z = \iint_A dF_z = \iint_A \rho g h \, dA_z = \rho g \iint_A h \, dA_z \end{cases}$$

$$(2-19)$$

式（2-19）中，$\iint_A h \, dA_x = h_{Cx} A_x$ 为投影面积 A_x 对 Oy 轴的面积矩，h_{Cx} 是投影面积 A_x 形心的淹没深度，故总压力的水平分力为

$$F_x = \rho g h_{Cx} A_x \tag{2-20}$$

由式（2-20）可知，静止液体作用在曲面上的总压力沿 x 方向的水平分力等于液体作用在该曲面的投影面积 A_x 上的总压力，作用点在 A_x 的压力中心。

在式（2-20）中，$\iint_A h \, dA_z = V_p$，为曲面上的液体体积，称为压力体，总压力的垂直分力为

$$F_z = \rho g V_p \tag{2-21}$$

式（2-21）说明静止液体作用在曲面上总压力的垂直分力等于曲面上压力体的液体重量，其作用线通过压力体的中心。

合力大小为 $F = \sqrt{F_x^2 + F_z^2}$，合力与水平方向的夹角 $\tan\theta = \dfrac{F_z}{F_x}$。

压力体是由积分式 $\iint_A h \, dA_z$ 所确定的纯数学体积，压力体示意图如图 2-33 所示。图 2-33（a）的压力体充满液体，称为实压力体，对应的垂直分力方向向下；图 2-33（b）的压力体没有液体，称为虚压力体，对应的垂直分力方向向上。

曲面上的压力体还需要考虑压力体叠加的问题。假如它们本身尺寸完全相同，

而且柱面在液面下的距离也完全相同，则根据积分所得的压力体体积也是完全相同的，垂直方向力的大小相等，方向则不一定相同。

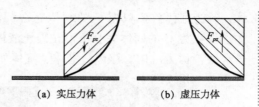

(a) 实压力体　　　(b) 虚压力体

图 2 – 33　压力体示意图

对于液面上的浮体，上述结论也同样适用，此时压力体是沉没在液体中的那部分体积，压力体表示方法如图 2 – 34 所示。

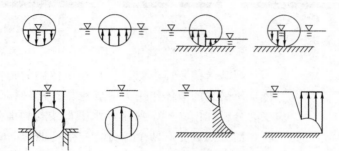

图 2 – 34　压力体表示方法

注意：两个重要概念

1. 沿水平方向的压力棱柱与沿垂直方向的压力体

沿水平方向的压力棱柱与沿垂直方向的压力体的曲面总压力如图 2 – 35 所示。

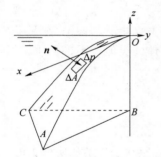

图 2 – 35　曲面总压力

在空间壁面 A 上任取一微元面积 $\mathrm{d}\boldsymbol{A} = \boldsymbol{n}\mathrm{d}A$，其淹没深度为 h_c，表面压强 $p = \rho g h_c$，可以求出流体静压力的三个分量

$$F_x = \iint_{A_x} p\,\mathrm{d}A_x = \rho g \iint_{A_x} h\,\mathrm{d}A_x = \rho g h_C A_x = V_{A_x}$$

$$F_y = \iint_{A_y} p\,\mathrm{d}A_y = \rho g \iint_{A_y} h\,\mathrm{d}A_y = \rho g h_C A_y = V_{A_y}$$

$$F_z = \iint_{A_z} p\,\mathrm{d}A_z = \rho g \iint_{A_z} h\,\mathrm{d}A_z = \rho g h_C A_z = V_{A_z}$$

合力大小 $F = \sqrt{F_x^2 + F_y^2 + F_z^2}$，若三分力交于一点，即可求出静压力的方向和作用点 D，若三分力不交于一点，则化为 1 个合力加 1 个合力偶。

2. 压力棱柱和压力体的区别

（1）使用功能不同，前者用于计算平面上的流体静压力及曲面上的水平分压力，后者则用来计算曲面或平面上的铅直分压力。

（2）物理意义不同，前者不是纯几何体，它代表作用力；后者是纯几何体，不代表作用力，压力体的液重才是作用力。

2.5.3 封闭曲面上的流体静压力

在流体力学当中，部分沉没在静止液体中，部分露在液体外的体积为 V 的固体，称为浮体。体积为 V 的固体完全沉没在静止液体中形成的封闭曲面体称为潜体。体积为 V 的固体完全沉没在静止液体中，并且固体所受的浮力小于其重力，物体沉底，称为沉体。浮体、潜体、沉体如图 2-36 所示。

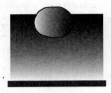  

(a) 浮体 (b) 潜体 (c) 沉体

图 2-36　浮体、潜体、沉体

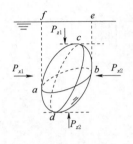

图 2-37　潜体受力分析

阿基米德原理表明，静止在液体中的物体（潜体和浮体）所受到的液体作用力等于它排开的液体的重量。潜体受力分析如图 2-37 所示，水平母线与物面外轮廓的交线将物面分割成左右两个部分，左半部曲面 cad 与右半部曲面 cbd 上所受到的水平分压力 F_{x1} 与 F_{x2} 大小相等方向相反而且作用在同一条直线上，因而整个潜体水平方向的流体静压力为零。铅直母线与物面外轮廓的交线将物面分割成上、下两个部分，上半部曲面 acb 上的铅直分压力方向向下，大小等于压力体 $acbef$ 的液重，而下半部曲面 adb 上的铅直分压力方向向上，大小等于压力体 $adbef$ 的液重。

潜体铅直方向的流体静压力大小 $P_z = P_{z2} - P_{z1} = \rho g\ (V_{adbef} - V_{acbef}) = \rho g V$，方向向上，压力中心也就是潜体的几何中心。浮体受力与潜体的类似，不再赘述。

【思考题】

1. 什么是流体静压强？流体静压强有哪些特性？

2. 欧拉平衡微分方程的适用条件是什么？

3. 平衡流体在哪个方向上有质量分力，流体静压强沿该方向是否必然发生变化？

4. 静止液体作用在曲面上的总压力是如何计算的？

5. 以下四个容器底面上的总压力有何不同？其中虚线代表了图 2-38 中的矩形大小。

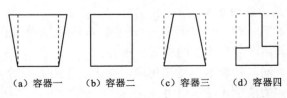

(a) 容器一　(b) 容器二　(c) 容器三　(d) 容器四

图 2-38　思考题 5 配图

6. 在盛水的容器中以两种方式放置小船模型 W_2 和石块 W_1，如图 2-39 所示。两种方式的水面高度是否相同？为什么？

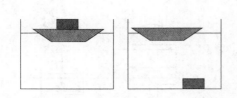

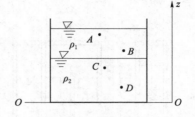

图 2-39 思考题 6 配图   图 2-40 思考题 7 配图

7. 容器内盛有两种不同的液体,如图 2-40 所示。密度分别为 ρ_1、ρ_2,那么以下结论是否有误?

(1) $z_A + \dfrac{p_A}{\rho_1 g} = z_B + \dfrac{p_B}{\rho_1 g}$

(2) $z_A + \dfrac{p_A}{\rho_1 g} = z_C + \dfrac{p_C}{\rho_2 g}$

(3) $z_B + \dfrac{p_B}{\rho_1 g} = z_D + \dfrac{p_D}{\rho_2 g}$

(4) $z_B + \dfrac{p_B}{\rho_1 g} = z_C + \dfrac{p_C}{\rho_2 g}$

【计算题】

1. 一密闭容器如图 2-41 所示,其内下部为水,上部为空气,液面下 4.2m 处的测压管高度为多少?

2. 如图 2-41 所示,设当地压强为 9800Pa,则容器内液面的绝对压强为多少?

3. 容器液面如图 2-42 所示。用 U 形水银测压计测 A 点压强,$h_1 = 500$mm,$h_2 = 300$mm,求 A 点的压强。

计算题解答

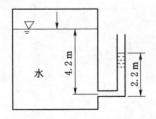

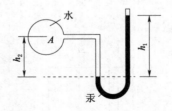

图 2-41 计算题 1 配图   图 2-42 计算题 3 配图

4. 如图 2-43 所示,已知 $h_1 = 1.2$m,$h_2 = 1$m,$h_3 = 0.8$m,$h_4 = 1$m,$h_5 = 1.5$m,$p_a = 101300$Pa,水的密度 $\rho = 1000$kg/m³,酒精的密度 $\rho' = 790$kg/m³,求 1、2、3、4、5、6 各点的绝对压强以及 M_1、M_2、M_6 三个压强表的表压强或真空度。

5. 如图 2-44 所示两圆筒用管子连接,内充水银。第一个圆筒直径 $d_1 = 45$cm,活塞上受力 $F_1 = 3197$N,密封气体的计示压强 $p_e = 9810$Pa;第二个圆筒直径 $d_2 = 30$cm,活塞上受力 $F_2 = 4945.5$N,开口连通大气。若不计活塞质量,求平衡状态时

两活塞的高度差 h（已知水银密度 $\rho = 13600\text{kg/m}^3$）。

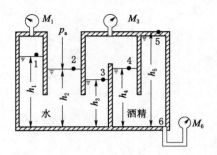

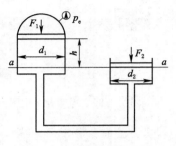

图 2-43　计算题 4 配图　　　　　图 2-44　计算题 5 配图

6. 汽车上有一与水平运动方向平行放置的内充液体的 U 形管，如图 2-45 所示，已知 $L = 0.5\text{m}$，加速度 $a = 0.5\text{m/s}^2$，试求 U 形管外侧的液面高度差。

7. 洒水车以等加速度 a 向前水平行驶，如图 2-46 所示，求等压方程、自由液面方程以及洒水车内自由表面与水平面间的夹角 α 等于多少？

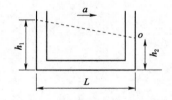

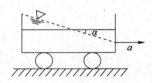

图 2-45　计算题 6 配图　　　　　图 2-46　计算题 7 配图

8. 圆筒形容器的直径 $d = 300\text{mm}$，高 $H = 500\text{mm}$，容器内水深 $h_1 = 300\text{mm}$，容器绕中心轴等角速旋转，如图 2-47 所示，试确定（1）水正好不溢出时的转速 n_1；（2）旋转抛物面的顶点恰好触及底部时的转速 n_2；（3）容器停止旋转后静水的深度。

9. 用 $4\text{m} \times 1\text{m}$ 的矩形闸门垂直挡水，如图 2-48 所示，求水压力对闸门底部门轴的力矩。

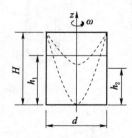

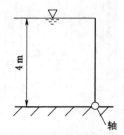

图 2-47　计算题 8 配图　　　　　图 2-48　计算题 9 配图

10. 如图 2-49 所示在蓄水池底部安装有涵洞闸门，与水平面成 $\theta = 80°$ 的倾角，闸门为圆形，直径 $D = 1.25\text{m}$，可绕通过其形心 C 的水平轴旋转。试证明作用于闸门上的转矩与闸门在水下的深度无关。若闸门完全被水淹没，求作用于闸门上的转矩。

11. 如图 2-50 所示，管中最大可能的压强为 p，它均匀作用在内径为 D、长度为 l 的管内壁的圆柱面上，计算高压下油管或筒形容器的抗张强度。

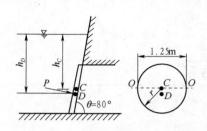

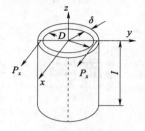

图 2-49　计算题 10 配图　　　　图 2-50　计算题 11 配图

12. 如图 2-51 所示，圆柱体直径 $D=2m$，左侧水深 $h_1=2m$，右侧水深 $h_2=1m$。求该圆柱体单位长度上所受静水压力的水平分力与铅垂分力。

13. 用熔化生铁（比重为 7）铸造带凸缘的半球形零件，如图 2-52 所示，已知 $D=0.8m$，$r=0.3m$，$\delta_1=15mm$，$\delta_2=25mm$，$d=20mm$，求铁水作用在砂箱上的力。

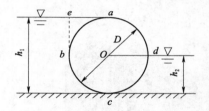

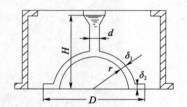

图 2-51　计算题 12 配图　　　　图 2-52　计算题 13 配图

第3章 流体动力学基础

流体运动时（图 3-1），表征运动特征的要素一般随时间和空间发生变化，而流体又是众多质点组成的连续介质，流体的运动是无穷多流体质点运动的综合表现。表征运动流体的物理量有速度、加速度等，本章主要分析这些参数随空间位置的变化规律、随时间连续变化的规律。

图 3-1 运动中的流体

3.1 流体运动的描述方法

▲思考——怎样描述整个流体的运动规律呢？引入拉格朗日法与欧拉法。

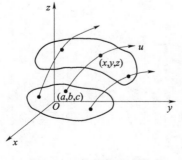

图 3-2 拉格朗日变数

3.1.1 拉格朗日法

拉格朗日法又称为跟踪质点法，不仅适用于观察起始坐标不变的某一个质点，也适用于观察连续变化的整个质点系。拉格朗日法通过分析每个质点的运动得到流体总体的特点，首先需要将不同流体质点加上标志以识别。

拉格朗日变数如图 3-2 所示，在时间 $t=0$ 的初始时刻，各流体质点有唯一坐标，即初始坐标

$x_0=a$，$y_0=b$，$z_0=c$，用质点的初始坐标（a，b，c）作为不同质点的区别标志。（a，b，c，t）是各自独立的，质点的初始坐标（a，b，c）与时间 t 无关，时间 t 只影响质点的运动坐标、速度和加速度。用拉格朗日法描述流体运动的表达式见表 3-1。

表 3-1 用拉格朗日法描述流体运动的表达式

质 点 运 动 坐 标	质 点 速 度	质 点 加 速 度
$x=x(a, b, c, t)$	$u_x=\dfrac{\mathrm{d}x}{\mathrm{d}t}=u_x(a, b, c, t)$	$a_x=\dfrac{\mathrm{d}^2 x}{\mathrm{d}t^2}=\dfrac{\mathrm{d}u_x}{\mathrm{d}t}=a_x(a, b, c, t)$
$y=y(a, b, c, t)$	$u_y=\dfrac{\mathrm{d}y}{\mathrm{d}t}=u_y(a, b, c, t)$	$a_y=\dfrac{\mathrm{d}^2 y}{\mathrm{d}t^2}=\dfrac{\mathrm{d}u_y}{\mathrm{d}t}=a_y(a, b, c, t)$
$z=z(a, b, c, t)$	$u_z=\dfrac{\mathrm{d}z}{\mathrm{d}t}=u_z(a, b, c, t)$	$a_z=\dfrac{\mathrm{d}^2 z}{\mathrm{d}t^2}=\dfrac{\mathrm{d}u_z}{\mathrm{d}t}=a_z(a, b, c, t)$

3.1.2 欧拉法

每个质点运动规律不同，对于跟踪足够多的质点，数学上存在难以克服的困难。实际上，也不需要了解质点运动情况的全部过程，因此除了个别的流动，都应用欧拉法描述。

欧拉法又称为站岗法，着眼于流场中的空间点，以流动的空间作为观察对象，分析空间点上流动参数的变化，而不去追究个别流体质点的详细运动过程。对不同点上参数的变化规律加以综合，从而掌握整个流动空间的运动规律。流动空间如图 3-3 所示。在实际中可以选择舞台作为观察对象。

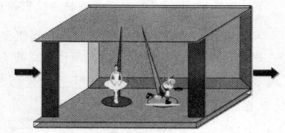

图 3-3 流动空间

流体经过的一个固定空间，其中充满连续不断的流体质点，每个质点都具有一定的物理量，是物理量连续分布的场，即流场，如速度场、密度场、温度场、压强场等。用流体质点的空间位置坐标（x，y，z）与时间变量 t 表达空间内流体运动规律，即（x，y，z，t），其被称为欧拉变数，各不独立，$x=x(t)$、$y=y(t)$、$z=z(t)$，例如速度场的表达式为

$$\begin{cases} u_x=u_x(x,y,z,t)=u_x[x(t),y(t),z(t)] \\ u_y=u_y(x,y,z,t)=u_y[x(t),y(t),z(t)] \\ u_z=u_z(x,y,z,t)=u_z[x(t),y(t),z(t)] \end{cases} \qquad (3-1)$$

3.1.3 物理量的质点导数

运动中的流体质点所具有的物理量 N（如速度、加速度）对时间的变化率为

$$\frac{\mathrm{d}N}{\mathrm{d}t}=\lim_{\Delta t\to 0}\frac{\Delta N}{\Delta t}=\lim_{\Delta t\to 0}\frac{N\ (x+\Delta x,\ y+\Delta y,\ z+\Delta z,\ t+\Delta t)\ -N\ (x,\ y,\ z,\ t)}{\Delta t}$$

$$(3-2)$$

式 （3-2） 称为物理量 N 的质点导数，又称为随体导数。

对多元复合函数 $N=N\ [x\ (t),\ y\ (t),\ z\ (t),\ t]$ 求导，可得质点导数

$$\frac{\mathrm{d}N}{\mathrm{d}t}=\frac{\partial N}{\partial x}\frac{\mathrm{d}x}{\mathrm{d}t}+\frac{\partial N}{\partial y}\frac{\mathrm{d}y}{\mathrm{d}t}+\frac{\partial N}{\partial z}\frac{\mathrm{d}z}{\mathrm{d}t}+\frac{\partial N}{\partial t}$$

质点导数是数学上多元复合函数对独立自变量 t 的导数。数学上没有质点导数这一名称，是联系流体力学的物理内容而定的，质点导数也可以用多元函数的泰勒级数展开公式得到。因为 $\frac{\mathrm{d}x}{\mathrm{d}t}=u_x$，$\frac{\mathrm{d}y}{\mathrm{d}t}=u_y$，$\frac{\mathrm{d}z}{\mathrm{d}t}=u_z$，也就是说位移对时间的导数就是质点的速度，因此质点导数又可写为

$$\frac{\mathrm{d}N}{\mathrm{d}t}=u_x\frac{\partial N}{\partial x}+u_y\frac{\partial N}{\partial y}+u_z\frac{\partial N}{\partial z}+\frac{\partial N}{\partial t}$$

$$(3-3)$$

式 （3-3） 又可以表示为

$$\frac{\mathrm{d}N}{\mathrm{d}t}=(\boldsymbol{u}\cdot\nabla)\ N+\frac{\partial N}{\partial t}$$

$$(3-4)$$

其中，$\nabla=\boldsymbol{i}\frac{\partial}{\partial x}+\boldsymbol{j}\frac{\partial}{\partial y}+\boldsymbol{k}\frac{\partial}{\partial z}$ 被称为哈密顿算子。

▲思考——求速度的质点导数可以得到什么？

速度的质点导数，实际上就是流体质点的加速度，即

$$\begin{cases}\dfrac{\mathrm{d}u_x}{\mathrm{d}t}=u_x\dfrac{\partial u_x}{\partial x}+u_y\dfrac{\partial u_x}{\partial y}+u_z\dfrac{\partial u_x}{\partial z}+\dfrac{\partial u_x}{\partial t}=(\boldsymbol{u}\cdot\nabla)u_x+\dfrac{\partial u_x}{\partial t}\\[2mm]\dfrac{\mathrm{d}u_y}{\mathrm{d}t}=u_x\dfrac{\partial u_y}{\partial x}+u_y\dfrac{\partial u_y}{\partial y}+u_z\dfrac{\partial u_y}{\partial z}+\dfrac{\partial u_y}{\partial t}=(\boldsymbol{u}\cdot\nabla)u_y+\dfrac{\partial u_y}{\partial t}\\[2mm]\dfrac{\mathrm{d}u_z}{\mathrm{d}t}=u_x\dfrac{\partial u_z}{\partial x}+u_y\dfrac{\partial u_z}{\partial y}+u_z\dfrac{\partial u_z}{\partial z}+\dfrac{\partial u_z}{\partial t}=(\boldsymbol{u}\cdot\nabla)u_z+\dfrac{\partial u_z}{\partial t}\end{cases}$$

$$(3-5)$$

物理量的质点导数 $\frac{\mathrm{d}N}{\mathrm{d}t}$ 包括以下两部分：①当地导数 （局部导数或时变导数）$\frac{\partial N}{\partial t}$；②迁移导数或位变导数 $u_x\frac{\partial N}{\partial x}+u_y\frac{\partial N}{\partial y}+u_z\frac{\partial N}{\partial z}$ 或 $(\boldsymbol{u}\cdot\nabla)\ N$。

当地导数反映流场的非定常性，即质点没有空间变位时，物理量 N 对时间的变化率。迁移导数反映流场的非均匀性，即质点的空间位置变化时，物理量 N 对时间的变化率。

注意：迁移导数 $u_x\frac{\partial N}{\partial x}+u_y\frac{\partial N}{\partial y}+u_z\frac{\partial N}{\partial z}$ 中的自变量仍然是时间 t。

【例题 3-1】　已知流速场为 （单位：m/s） $u_x=2t+2x+2y$，$u_y=t-y+z$，$u_z=t+x-z$，试求 $t=3\mathrm{s}$ 时位于 （0.6, 0.6, 0.3） （单位：m）处流体质点的加

速度。

解：质点导数的各项为

$$\frac{\partial u_x}{\partial t}=2, \quad \frac{\partial u_y}{\partial t}=1, \quad \frac{\partial u_z}{\partial t}=1$$

$$\frac{\partial u_x}{\partial x}=2, \quad \frac{\partial u_x}{\partial y}=2, \quad \frac{\partial u_x}{\partial z}=0$$

$$\frac{\partial u_y}{\partial x}=0, \quad \frac{\partial u_y}{\partial y}=-1, \quad \frac{\partial u_y}{\partial z}=1$$

$$\frac{\partial u_z}{\partial x}=1, \quad \frac{\partial u_z}{\partial y}=0, \quad \frac{\partial u_z}{\partial z}=-1$$

将 $x=0.6$，$y=0.6$，$z=0.3$，$t=3$ 代入速度表达式得 $u_x=8.4\text{m/s}$ $u_y=2.7\text{m/s}$ $u_z=3.3\text{m/s}$。

代入式（3-5），质点的加速度为

$a_x=2+8.4\times2+2.7\times2+3.3\times0=24.2\text{m/s}^2$

$a_y=1+8.4\times0+2.7\times(-1)+3.3\times1=1.6\text{m/s}^2$

$a_z=1+8.4\times1+2.7\times0+3.3\times(-1)=6.1\text{m/s}^2$

3.2 流动的基本概念

在讨论流体运动的基本规律和基本方程之前，为了便于分析、研究问题，需要先明确流体运动的基本概念以及分类。

3.2.1 流动的类型

1. 定常流动

如果流场中的速度、压强、密度等物理量的分布与时间 t 无关，则称为定常场，或定常流动，此时物理量具有对时间的不变性，满足的关系为

$$\frac{\partial \boldsymbol{u}}{\partial t}=\frac{\partial p}{\partial t}=\frac{\partial \rho}{\partial t}=\frac{\partial t}{\partial t}=\cdots=0 \qquad (3-6)$$

定常流动如图 3-4 所示。

2. 均匀流动

如果流场中的速度、压强等物理量均与空间坐标无关，则称为均匀场，或均匀流动，此时物理量具有对空间的不变性，满足的关系为

$$\frac{\partial \boldsymbol{u}}{\partial x}=\frac{\partial \boldsymbol{u}}{\partial y}=\frac{\partial \boldsymbol{u}}{\partial z}=\frac{\partial p}{\partial x}=\frac{\partial p}{\partial y}=\frac{\partial p}{\partial z}=\cdots=0 \qquad (3-7)$$

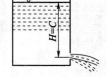

图 3-4 定常流动

均匀流动如图 3-5 所示。

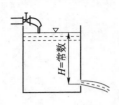

图 3-5　均匀流动

以质点加速度为例，由当地加速度 $\dfrac{\partial \boldsymbol{u}}{\partial t}$ 及迁移加速度 $(\boldsymbol{u}\cdot\nabla)\boldsymbol{u}$ 组成，通过分析各项加速度是否为零，可判断流动是否为定常流动或均匀流动，定常流动与均匀流动如图 3-6 所示。假如只讨论管中截面上的平均速度而不研究截面上的速度分布，那么截面平均流动参数，除时间变量外，仅随一个空间变量 s（s 是沿管轴线方向的自然坐标）变化，$u=u(s, t)$。

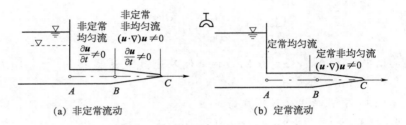

图 3-6　定常场与均匀场

均匀流与非均匀流如图 3-7 所示。断面 3-3 与断面 4-4 之间的流动即为均匀流，其他部分的流动为非均匀流。流束内流线夹角很小、流线的曲率半径很大，近乎平行直线的流动可称为缓变流，否则称为急变流。在断面 1-1 与断面 2-2 之间的流动能够视作渐变流，而在断面 2-2 与断面 3-3 之间、断面 4-4 与断面 5-5 之间的流动应视作急变流。

3. 一维流动、二维流动、三维流动

若流动要素是三个空间坐标的函数，则称该流动为三维流动。若流动要素只是两个空间坐标的函数而与第三个坐标无关，则称该流动为二维流动。若流动要素只是一个空间坐标的函数，则该流动为一维流动。

圆截面管道内的一维流动如图 3-8 所示，若管内流体是无黏性作用的理想流体，则过流断面上的流速随坐标 r 的变化很小，流动可以近似成一维流动。尽管流动要素是三个空间坐标的函数，但是流动要素的断面均值只是曲线坐标 s 的函数，因此能够将其视作一维流动。

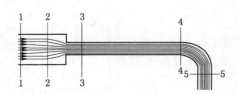

图 3-7　均匀流与非均匀流

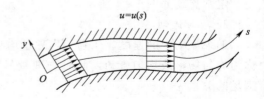

图 3-8　一维流动

3.2.2　流线和迹线

流线是流场中的瞬时光滑曲线，曲线上各点的切线方向与该点的瞬时速度方向一致。流线是表示某瞬时多质点流动方向的曲线，欧拉法将其用于形象地描绘流场的概念。

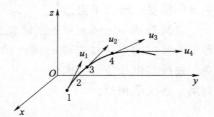

图 3-9　流线

流线如图 3-9 所示，设某一点上的质点瞬时速度为 $u=u_x i+u_y j+u_z k$，流线上的微元线段矢量为 $ds=dx i+dy j+dz k$，因为两个矢量方向一致，矢量积为零。将流线矢量表达式 $u \times ds=0$ 写成投影形式为

$$\frac{dx}{u_x}=\frac{dy}{u_y}=\frac{dz}{u_z} \qquad (3-8)$$

式（3-8）就是最常用的流线微分方程。

图 3-10（a）表示一条流线上 1、2、3 各点的流速矢量方向，在充满流动的空间内可以绘出一簇流线，所构成的流线图称为流谱，如图 3-10（b）（c）所示。

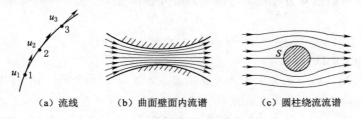

（a）流线　　　（b）曲面壁面内流谱　　　（c）圆柱绕流流谱

图 3-10　流线示意图

流线有以下两个显著特征：

（1）一般地，两条流线不相交，任一条流线都是无转折的光滑曲线，除非该点的流速大小为零或无穷大。

（2）起点在不可穿透的光滑固体边界上的流线将与该边界的位置重合。这是由于沿边界法向的流速分量等于零。

▲思考——流线的性质中是否有例外的情况？

（1）驻点或奇点。驻点如图 3-11 所示，当流体绕尖头直尾的物体流动时，物体的前缘点 A 是一个实际的驻点，驻点上流线相交，这是由于驻点速度为零。

（2）源或汇。源和汇如图 3-12 所示。流体沿射线从 B 点流出或者向 B 点流入，B 点速度趋于无穷，奇点处流线也是相交的。

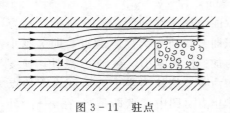

图 3-11　驻点

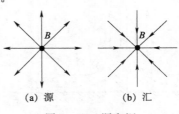

（a）源　　　（b）汇

图 3-12　源和汇

流线不能突然转折，流道变化时产生的漩涡如图 3-13 所示。当流道发生变化时，必然有一部分流体不能参与主流方向的运动，而被主流带动产生漩涡，消耗了主流的能量，增大了阻力。

迹线是某一流体质点的运动轨迹线，如图 3-14 所示。它是单个质点在运动过程中所经过的空间位置随时间连续变化的轨迹。恒定流中所有质点均会沿流线运动，迹线与流线重合。非恒定流中质点不一定沿着流线运动，但运动方向仍与该时刻某一条流线相切。

图 3-13　流道变化时产生的漩涡

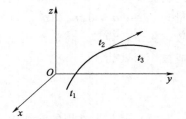

图 3-14　迹线

迹线方程可由运动方程得出，迹线的微分方程为

$$\frac{\mathrm{d}x}{u_x} = \frac{\mathrm{d}y}{u_y} = \frac{\mathrm{d}z}{u_z} = \mathrm{d}t \tag{3-9}$$

其中时间 t 是自变量。

【例题 3-2】　已知流场中质点的速度为 $u_x = kx$，$u_y = -ky$，$u_z = 0$（$y \geqslant 0$），试求流场中质点的速度、加速度及流线方程。

解：已知 $u_z = 0$，$y \geqslant 0$，可见流体运动只限于 xOy 的上半平面，质点速度为

$$u = \sqrt{u_x^2 + u_y^2} = k\sqrt{x^2 + y^2} = kr$$

质点的加速度为

$$a_x = \frac{\mathrm{d}u_x}{\mathrm{d}t} = u_x \frac{\partial u_x}{\partial x} = k^2 x$$

$$a_y = \frac{\mathrm{d}u_y}{\mathrm{d}t} = u_y \frac{\partial u_y}{\partial y} = k^2 y$$

$$a_z = 0$$

故

$$a = \sqrt{a_x^2 + a_y^2} = k^2 \sqrt{x^2 + y^2} = k^2 r$$

质点的流线方程为 $\dfrac{\mathrm{d}x}{kx} = \dfrac{\mathrm{d}y}{-ky}$，积分得 $\ln x = -\ln y + \ln c$，即 $xy = c$。

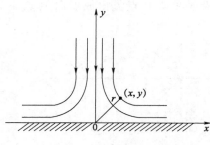

图 3-15　双曲线形流线

双曲线形流线如图 3-15 所示。其为一簇等角双曲线，质点离原点越近，即 r 越小，其速度与加速度均越小，在 $r = 0$ 点处，速度与加速度均为零。流体力学上称速度为零的点为驻点或滞止点（图中 O 点即是）。在 $r \rightarrow \infty$ 处，质

点速度与加速度均趋于无穷。流体力学上称速度趋于无穷的点为奇点,驻点和奇点是流场中的两种极端情况,一般流场中不一定存在驻点和奇点。

【例题 3-3】 已知流速场为 $u=x+t$,$v=-y-t$,$w=0$,求①$t=1$ 时过 (1, 1) 点的质点的迹线;②过 (1, 1) 点的流线方程。

解:(1) 由迹线微分方程得 $\dfrac{\mathrm{d}x}{\mathrm{d}t}=x+t$,$\dfrac{\mathrm{d}y}{\mathrm{d}t}=-y-t$,积分得 $x=c_1\mathrm{e}^t-t-1$,$y=c_2\mathrm{e}^{-t}-t+1$,$t=1$ 时过 (1, 1) 的点有 $c_1=3/\mathrm{e}$,$c_2=\mathrm{e}$,迹线方程为 $x=3\mathrm{e}^{t-1}-t-1$,$y=\mathrm{e}^{1-t}-t+1$

(2) 流线的微分方程为 $\dfrac{\mathrm{d}x}{x+t}=\dfrac{\mathrm{d}y}{-y-t}$,积分得 $(x+t)(y+t)=c_1$,过 (1, 1) 的点有 $c_1=(1+t)^2$,$(x+t)(y+t)=(1+t)^2$。若 $t=1$,则有流线方程 $(x+1)(y+1)=4$

3.2.3 流管与流束

流场中任取一个不是流线的封闭曲线,在同一时刻过曲线上的每一点作流线,这些流线所组成的管状表面被称为流管,如图 3-16 所示,流管内部的全部流体称为流束,如图 3-17 所示。截面积无穷小的流束称为微元流束,如果封闭曲线取在管道内部周线上,则流束就是充满管道内部的全部流体,这种情况通常称为总流,如图 3-18 所示。

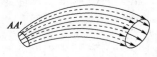

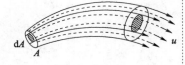

图 3-16　流管　　　　　图 3-17　流束　　　　　图 3-18　总流

流管连同两侧的端面组成一个流管控制体,流管是由无数流线组成的,流线不能相交,故而不会有流体穿越流管表面,流束与其他流体的质量交换只能通过流管或流束的两个端面 A_1 和 A_2。

3.2.4 过流断面、流量与净通量

过流断面是断面上每一点都与此时刻过这点的流线正交的断面,如图 3-19 所示。

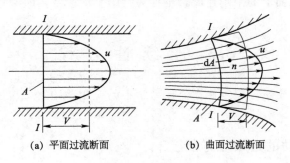

(a) 平面过流断面　　　　　(b) 曲面过流断面

图 3-19　过流断面

单位时间内流过某一控制面的流体体积称为该控制面的流量 Q。流量不是矢量，如果单位时间内流过的流体是以质量或重量计算的，则称为质量流量 Q_m 或重量流量 Q_g，不加说明时"流量"一词概指体积流量。在过流断面（不论平面或曲面）上，速度方向与断面垂直。

在微元流束上有 $\mathrm{d}Q = \boldsymbol{u} \cdot \mathrm{d}\boldsymbol{A}$，在平面控制面上有 $Q = \iint_A \boldsymbol{u} \cdot \mathrm{d}\boldsymbol{A}$，在曲面控制面上有 $Q = \iint_A \boldsymbol{u} \cdot \mathrm{d}\boldsymbol{A}$，在曲面控制面上有质量流量 $Q_m = \iint_A \rho \boldsymbol{u} \cdot \mathrm{d}\boldsymbol{A}$。

控制面（可能是平面或曲面）如果不是过流断面，则微元过流断面面积为 $\mathrm{d}A\cos\theta$，或者 $u\cos\theta$ 即为与控制面相垂直的速度，其中 θ 是微元面法线与速度之间的夹角。在微元流束上 $\mathrm{d}Q = u\mathrm{d}A\cos\theta = \boldsymbol{u} \cdot \mathrm{d}\boldsymbol{A} = \boldsymbol{u} \cdot \boldsymbol{n}\mathrm{d}A$，在平面控制面上 $Q = \iint_A \boldsymbol{u} \cdot \mathrm{d}A\cos\theta = \iint_A \boldsymbol{u} \cdot \mathrm{d}\boldsymbol{A} = \iint_A \boldsymbol{u} \cdot \mathrm{d}\boldsymbol{A} \boldsymbol{u} \cdot \boldsymbol{n}\mathrm{d}A$，在曲面控制面上 $Q = \iint_A u\mathrm{d}A\cos(\boldsymbol{u} \cdot \boldsymbol{n}) = \iint_A \boldsymbol{u} \cdot \mathrm{d}\boldsymbol{A} = \iint_A \boldsymbol{u} \cdot \boldsymbol{n}\mathrm{d}A$，流量计算如图 3-20 所示。

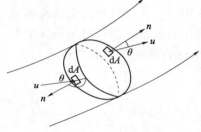

图 3-20　流量计算

有时也可以在流场中取整个封闭曲面作为控制面，如图 3-20 所示。封闭曲面内的空间称为控制体，流体经一部分控制面流入控制体，同时也有流体经另一部分控制面从控制体流出。此时流经全部封闭控制面 A 的流量称为净流量（或净通量），用 q 表示为

$$q = \oiint_A u\mathrm{d}A\cos(\boldsymbol{u} \cdot \boldsymbol{n}) = \oiint_A \boldsymbol{u} \cdot \mathrm{d}\boldsymbol{A} \approx \oiint_A \boldsymbol{u} \cdot \boldsymbol{n}\mathrm{d}A$$

需要注意的是，净通量是在封闭曲面域上的曲面积分，积分域仍以 A 表示，但含义与平面或曲面控制面上的面积分是不同的。

▲思考——过流断面上的平均速度如何求得？

从流量公式可以看到，要想求得过流断面上的总流量，首先必须知道速度在过流断面上的分布规律。但这不容易确定，因此工程计算常采用简化方法：不管速度分布如何，只要用实验测出过流断面的流量 Q，再除以过流断面面积 A，得到一个平均值，即过流断面上的平均速度，也称为管中平均速度，即 $V = \dfrac{Q}{A}$。

3.3　连续性方程

连续性方程是质量守恒定律在流体力学中的应用，建立了流体流速与流动面积之间的关系。

3.3.1　三维流动的连续性方程

在流场中取微元控制体，连续性微分方程如图 3-21 所示。正交的三个边长分

别为 dx、dy、dz，分别平行于 x，y，z 坐标轴，以 x 方向为例，dt 时间内 x 方向流入与流出的速度分别是 u_a 和 u_b，$u_a=u-\dfrac{\partial u}{\partial x}\dfrac{dx}{2}$、$u_b=u+\dfrac{\partial u}{\partial x}\dfrac{dx}{2}$。

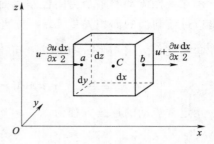

图 3-21　连续性微分方程

dt 时间内 x 方向流入与流出的质量分别为

$$Q_{ma}=\left[\rho u-\frac{\partial(\rho u)}{\partial x}\frac{dx}{2}\right]dydz, \quad Q_{mb}=\left[\rho u+\frac{\partial(\rho u)}{\partial x}\frac{dx}{2}\right]dydz$$

dt 时间内 x 方向净流出质量为

$$Q_{mx}=Q_{ma}-Q_{mb}=-\frac{\partial(\rho u_x)}{\partial x}dxdydz$$

同理

$$Q_{my}=-\frac{\partial(\rho u_y)}{\partial y}dxdydz, \quad Q_{mz}=-\frac{\partial(\rho u_z)}{\partial z}dxdydz$$

因此，dt 时间内经过微元六面体的流体质量总变化为

$$-\left[\frac{\partial(\rho u_x)}{\partial x}+\frac{\partial(\rho u_y)}{\partial y}+\frac{\partial(\rho u_z)}{\partial z}\right]dxdydzdt$$

由于流体是被作为连续介质来研究的，六面体内流体质量的总变化的唯一的可能原因是六面体内流体密度的变化。因此流体质量的总变化和由流体密度变化而产生的六面体内的流体质量变化相等。六面体内因密度变化而引起的质量变化为

$$Q_{mx}+Q_{my}+Q_{mz}=\frac{\partial(\rho dxdydz)}{\partial t}$$

代入相等条件，得

$$\frac{\partial\rho}{\partial t}+\frac{\partial(\rho u_x)}{\partial x}+\frac{\partial(\rho u_y)}{\partial y}+\frac{\partial(\rho u_z)}{\partial z}=0 \qquad (3-10)$$

式（3-10）即为可压缩流体非定常三维流动的连续性方程，表明在同一时间内通过流场中任一封闭表面的质量流量等于零。也就是说，在同一时间内流入的体积流量与流出的质量流量相等。对定常流动，密度 ρ 不变，连续性方程可以简化为

$$\frac{\partial(\rho u_x)}{\partial x}+\frac{\partial(\rho u_y)}{\partial y}+\frac{\partial(\rho u_z)}{\partial z}=0 \qquad (3-11)$$

式（3-11）是不可压缩流动存在的充要条件。

3.3.2　一元流动的连续性方程

一元流动如图 3-22 所示。微小流束是一元流动；有固体边界的总流，若一切流动参数均以过流断面上的平均值计算，也可以看作是一元流动。

在一元流动的整个封闭控制表面中，只有两个过流断面是有流体通过的。因为出口过流断面的面积矢量 $\mathrm{d}\boldsymbol{A}_2$，与速度矢 $\boldsymbol{u}_2$ 方向一致，而进口过流断面的 $\mathrm{d}\boldsymbol{A}_1$ 与 $\boldsymbol{u}_1$ 方向相反，故因 $\oiint_A \rho\boldsymbol{u} \cdot \mathrm{d}\boldsymbol{A} = 0$ 可得

$$\oiint_A \rho\boldsymbol{u} \cdot \mathrm{d}\boldsymbol{A} = \iint_{A_2} \rho_2 u_2 \mathrm{d}A_2 - \iint_{A_2} \rho_1 u_1 \mathrm{d}A_1 = \rho_2 V_2 A_2 - \rho_1 V_1 A_1 = 0$$

一元定常流动的连续方程为

$$\rho_2 V_2 A_2 = \rho_1 V_1 A_1 \tag{3-12}$$

一元不可压缩流动的连续方程为

$$V_2 A_2 = V_1 A_1 \tag{3-13}$$

【例题 3-4】 有一输水管道，如图 3-23 所示。水自断面 1-1 流向断面 2-2。测得断面 1-1 的水流平均流速 $V_1 = 2\mathrm{m/s}$，已知 $d_1 = 0.5\mathrm{m}$，$d_2 = 1\mathrm{m}$，试求断面 2-2 处的平均流速 V_2 为多少？

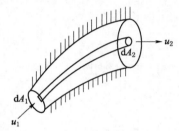

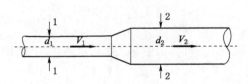

图 3-22 一元流动　　　　　图 3-23 输水管道

解：

$$V_1 \frac{\pi d_1^2}{4} = V_2 \frac{\pi d_2^2}{4}$$

$$V_2 = V_1 \left(\frac{d_1}{d_2}\right)^2 = 2 \times \left(\frac{0.5}{1}\right)^2 = 0.5\mathrm{m/s}$$

3.4 能 量 方 程

解决流体力学问题的基本方程组包括连续性方程、动量方程和能量方程等。能量方程描述流体运动能量转换与守恒定律，是自然界物质运动的普遍规律，伯努利方程是这一定律在流体力学中的应用。

3.4.1　流体的运动微分方程

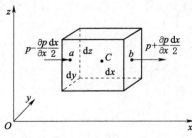

图 3-24 正平行六面体流体微团

描述流体的运动微分方程又称为欧拉运动微分方程，首先推导理想流体的运动微分方程，采用微元体积法，在流场中取出一个平行于坐标轴的正六面体流体微团，如图 3-24 所示。六面体边长分别是 $\mathrm{d}x$、$\mathrm{d}y$、$\mathrm{d}z$，中心点 C 压强是 p，以 x 轴方向为例进行分析，a、b 点的压强分别是 p_a

和 p_b，$p_a = p - \dfrac{\partial p}{\partial x}\dfrac{\mathrm{d}x}{2}$、$p_b = p + \dfrac{\partial p}{\partial x}\dfrac{\mathrm{d}x}{2}$。

以 x 轴方向为例进行分析，流体微团在质量力和表面力的作用下产生加速度 a，加速度中含当地加速度和迁移加速度，根据牛顿第二定律 $\sum F_x = m\dfrac{\mathrm{d}u}{\mathrm{d}t}$，得

$$\left(p - \frac{\partial p}{\partial x}\frac{\mathrm{d}x}{2}\right)\mathrm{d}y\mathrm{d}z - \left(p + \frac{\partial p}{\partial x}\frac{\mathrm{d}x}{2}\right)\mathrm{d}y\mathrm{d}z + X(\rho\mathrm{d}x\mathrm{d}y\mathrm{d}z) = (\rho\mathrm{d}x\mathrm{d}y\mathrm{d}z)a_x$$

整理得
$$\begin{cases} a_x = X - \dfrac{1}{\rho}\dfrac{\partial p}{\partial x} \\[2mm] a_y = Y - \dfrac{1}{\rho}\dfrac{\partial p}{\partial y} \\[2mm] a_z = Z - \dfrac{1}{\rho}\dfrac{\partial p}{\partial z} \end{cases} \tag{3-14}$$

矢量表达式为
$$\boldsymbol{a} = \boldsymbol{f} - \frac{1}{\rho}\nabla p \tag{3-15}$$

而质点导数为
$$\boldsymbol{a} = \frac{\partial \boldsymbol{u}}{\partial t} + (\boldsymbol{u}\cdot\nabla)\boldsymbol{u}$$

因此可得
$$\frac{\partial \boldsymbol{u}}{\partial t} + (\boldsymbol{u}\cdot\nabla)\boldsymbol{u} = \boldsymbol{f} - \frac{1}{\rho}\nabla p \tag{3-16}$$

式（3-16）即为欧拉运动微分方程，又称理想流体的运动微分方程，是牛顿第二定律在流体力学中的表达形式，是控制理想流体运动的基本方程，其分量式为

$$\begin{cases} \dfrac{\partial u_x}{\partial t} + u_x\dfrac{\partial u_x}{\partial x} + u_y\dfrac{\partial u_x}{\partial y} + u_z\dfrac{\partial u_x}{\partial z} = X - \dfrac{1}{\rho}\dfrac{\partial p}{\partial x} \\[3mm] \dfrac{\partial u_y}{\partial t} + u_x\dfrac{\partial u_y}{\partial x} + u_y\dfrac{\partial u_y}{\partial y} + u_z\dfrac{\partial u_y}{\partial z} = Y - \dfrac{1}{\rho}\dfrac{\partial p}{\partial y} \\[3mm] \dfrac{\partial u_z}{\partial t} + u_x\dfrac{\partial u_z}{\partial x} + u_y\dfrac{\partial u_z}{\partial y} + u_z\dfrac{\partial u_z}{\partial z} = Z - \dfrac{1}{\rho}\dfrac{\partial p}{\partial z} \end{cases} \tag{3-17}$$

思考——作用在实际流体微团上的力是怎样表达的？

表面力不仅有压应力 p，也有切应力 τ，实际流体微团上的应力如图 3-25 所示。$A(x, y, z)$ 上的应力可用 9 个元素组成，式中下标的第一项指面的法线方向，第二项指应力方向。

$$\begin{bmatrix} p_{xx} & \tau_{xy} & \tau_{xz} \\ \tau_{yx} & p_{yy} & \tau_{yz} \\ \tau_{zx} & \tau_{zy} & p_{zz} \end{bmatrix}$$

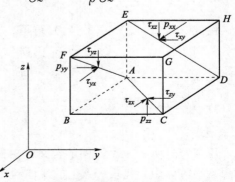

图 3-25 实际流体微团上的应力

假定法向应力沿正向，切向应力沿负向，根据牛顿第二定律 $\sum \boldsymbol{F} = m\boldsymbol{a}$ ，引入质量力和表面力列出 x 方向的运动方程，即

$$\rho \mathrm{d}x\mathrm{d}y\mathrm{d}zX + p_{xx}\mathrm{d}y\mathrm{d}z - \left(p_{xx} + \frac{\partial p_{xx}}{\partial x}\mathrm{d}x\right)\mathrm{d}y\mathrm{d}z - \tau_{zx}\mathrm{d}x\mathrm{d}y + \left(\tau_{zx} + \frac{\partial \tau_{zx}}{\partial z}\mathrm{d}z\right)\mathrm{d}x\mathrm{d}y$$

$$- \tau_{yx}\mathrm{d}x\mathrm{d}z + \left(\tau_{yx} + \frac{\partial \tau_{yx}}{\partial y}\mathrm{d}y\right)\mathrm{d}x\mathrm{d}z = \rho \mathrm{d}x\mathrm{d}y\mathrm{d}z\frac{\mathrm{d}u_x}{\mathrm{d}t}$$

整理得
$$\begin{cases} X - \dfrac{1}{\rho}\left(\dfrac{\partial p_{xx}}{\partial x} - \dfrac{\partial \tau_{yx}}{\partial y} - \dfrac{\partial \tau_{zx}}{\partial z}\right) = \dfrac{\mathrm{d}u_x}{\mathrm{d}t} \\[2mm] Y - \dfrac{1}{\rho}\left(\dfrac{\partial p_{yy}}{\partial y} - \dfrac{\partial \tau_{zy}}{\partial z} - \dfrac{\partial \tau_{xy}}{\partial x}\right) = \dfrac{\mathrm{d}u_y}{\mathrm{d}t} \\[2mm] Z - \dfrac{1}{\rho}\left(\dfrac{\partial p_{zz}}{\partial z} - \dfrac{\partial \tau_{xz}}{\partial x} - \dfrac{\partial \tau_{yz}}{\partial y}\right) = \dfrac{\mathrm{d}u_z}{\mathrm{d}t} \end{cases} \tag{3-18}$$

式（3-18）即为黏性流体微分形式的运动方程，适用于各种流体。

压应力 p、切应力 τ 与运动学参数之间存在一定的关系，这是反映物质宏观性质的数学模型，称为本构方程，即

$$\begin{cases} \tau_{xy} = \tau_{yx} = \mu\left(\dfrac{\partial u_y}{\partial x} + \dfrac{\partial u_x}{\partial y}\right) \\[2mm] \tau_{yz} = \tau_{zy} = \mu\left(\dfrac{\partial u_z}{\partial y} + \dfrac{\partial u_y}{\partial z}\right) \\[2mm] \tau_{zx} = \tau_{xz} = \mu\left(\dfrac{\partial u_x}{\partial z} + \dfrac{\partial u_z}{\partial x}\right) \end{cases} \tag{3-19}$$

$$\begin{cases} p_{xx} = p + p'_{xx} = p - 2\mu\dfrac{\partial u_x}{\partial x} \\[2mm] p_{yy} = p + p'_{yy} = p - 2\mu\dfrac{\partial u_y}{\partial y} \\[2mm] p_{zz} = p + p'_{zz} = p - 2\mu\dfrac{\partial u_z}{\partial z} \end{cases} \tag{3-20}$$

由式（3-19）、式（3-20）可得

$$3p - 2\mu\left(\frac{\partial u_x}{\partial x} + \frac{\partial u_y}{\partial y} + \frac{\partial u_z}{\partial z}\right) = p_{xx} + p_{yy} + p_{zz} \tag{3-21}$$

对于不可压缩流体，式（3-21）中 $\dfrac{\partial u_x}{\partial x} + \dfrac{\partial u_y}{\partial y} + \dfrac{\partial u_z}{\partial z} = 0$，则 $p = \dfrac{1}{3}\,(p_{xx} + p_{yy} + p_{zz})$。

压强符号 p 有三种不同的含义：在平衡流体中，代表一点上的流体静压强；在理想运动流体中，代表一点上的流体动压强；在不可压缩流体中，代表一点上的流体动压强的算术平均值，简称流体动压强。故式（3-18）可改写为

$$
\begin{cases}
X-\dfrac{1}{\rho}\dfrac{\partial p}{\partial x}+\nu\,\nabla^{2}u_{x}=\dfrac{\partial u_{x}}{\partial t}+u_{x}\dfrac{\partial u_{x}}{\partial x}+u_{y}\dfrac{\partial u_{x}}{\partial y}+u_{z}\dfrac{\partial u_{x}}{\partial z}\\[3mm]
Y-\dfrac{1}{\rho}\dfrac{\partial p}{\partial y}+\nu\,\nabla^{2}u_{y}=\dfrac{\partial u_{y}}{\partial t}+u_{x}\dfrac{\partial u_{y}}{\partial x}+u_{y}\dfrac{\partial u_{y}}{\partial y}+u_{z}\dfrac{\partial u_{y}}{\partial z}\\[3mm]
Z-\dfrac{1}{\rho}\dfrac{\partial p}{\partial z}+\nu\,\nabla^{2}u_{z}=\dfrac{\partial u_{z}}{\partial t}+u_{x}\dfrac{\partial u_{z}}{\partial x}+u_{y}\dfrac{\partial u_{z}}{\partial y}+u_{z}\dfrac{\partial u_{z}}{\partial z}
\end{cases}
\tag{3-22}
$$

式（3-22）即为黏性流体的运动微分方程，又称为纳维-斯托克斯方程（Navier-Stokes equations），简写为 N-S 方程，表示作用在单位质量流体上的质量力、表面力和惯性力相平衡。式（3-22）中 ∇^{2} 是拉普拉斯算子，$\nabla^{2}=\nabla\cdot\nabla=\dfrac{\partial^{2}}{\partial x^{2}}+\dfrac{\partial^{2}}{\partial y^{2}}+\dfrac{\partial^{2}}{\partial z^{2}}$。

3.4.2　理想流体元流上的伯努利方程

欧拉运动微分方程在特定条件下可以通过积分求得解析解。首先设理想流体，流动恒定，单位质量的流体质点经 $\mathrm{d}t$ 时间沿流线产生微小位移 $\mathrm{d}s$，那么 $\mathrm{d}s$ 在三个坐标方向上的分量为：$\mathrm{d}x=u_{x}\mathrm{d}t$，$\mathrm{d}y=u_{y}\mathrm{d}t$，$\mathrm{d}z=u_{z}\mathrm{d}t$。将这三个式子两边分别与欧拉运动微分方程分量式（3-18）的两边相乘，然后分别相加得到

$$
X\mathrm{d}x+Y\mathrm{d}y+Z\mathrm{d}z-\frac{1}{\rho}\mathrm{d}p=u_{x}\mathrm{d}u_{x}+u_{y}\mathrm{d}u_{y}+u_{z}\mathrm{d}u_{z}
\tag{3-23}
$$

由于式（3-23）中 $u_{x}\mathrm{d}u_{x}+u_{y}\mathrm{d}u_{y}+u_{z}\mathrm{d}u_{z}=\mathrm{d}\left(\dfrac{u^{2}}{2}\right)$，得到

$$
X\mathrm{d}x+Y\mathrm{d}y+Z\mathrm{d}z-\frac{1}{\rho}\mathrm{d}p=\mathrm{d}\left(\frac{u^{2}}{2}\right)
\tag{3-24}
$$

引入定解条件不可压缩流体，则得

$$
\frac{1}{\rho}\mathrm{d}p=\mathrm{d}\left(\frac{p}{\rho}\right)
$$

引入定解条件作用在流体上的质量力有势，以 $U=(x,\ y,\ z)$ 表示质量力的势函数，则有

$$
X\mathrm{d}x+Y\mathrm{d}y+Z\mathrm{d}z=\mathrm{d}U
$$

将上述定解条件代入式（3-20），得 $\mathrm{d}\left(U-\dfrac{p}{\rho}-\dfrac{u^{2}}{2}\right)=0$。

沿流线积分得

$$
\frac{u^{2}}{2}-U+\frac{p}{\rho}=c
\tag{3-25}
$$

若重力场中，质量力只有重力，所选 z 轴铅直向上，则 $U=-gz$，代入式（3-25），可得

$$
\frac{u^{2}}{2g}+z+\frac{p}{\rho g}=c
\tag{3-26}
$$

对同一流线上的两点 1、2 则有

$$\frac{u_1^2}{2g}+z_1+\frac{p_1}{\rho g}=\frac{u_2^2}{2g}+z_2+\frac{p_2}{\rho g} \tag{3-27}$$

式（3-27）是理想不可压缩流体在重力作用下，做定常流动时，沿流线的伯努利方程。表明一条流线上单位重量流体具有的动能、位能、压能三者之间可以转化，但三者之和为常数，符合能量守恒定律。式中 $\frac{u^2}{2g}$ 称为速度水头。

式（3-27）用于一条流线的任意两点，有 $H_0=\frac{u_1^2}{2g}+z_1+\frac{p_1}{\rho g}=\frac{u_2^2}{2g}+z_2+\frac{p_2}{\rho g}$，其中 $\frac{u^2}{2g}$ 称为速度水头，$\frac{p}{\rho g}$ 称为压强水头，z 称为位置水头，三者之和 H_0 称为总水头。对于理想流体忽略黏性，总水头线是水平线。理想流体的总水头线与测压管水头线如图 3-26 所示。

图 3-26 中 $\frac{p}{\rho g}+z$ 为测压管水头，测压管水头线沿程可能上升，可能下降，可能不变。

【**例题 3-5**】　绕流物体的滞流点如图 3-27 所示，已知绕流物体滞流点（驻点）的速度为零，求来流速度 u_∞。

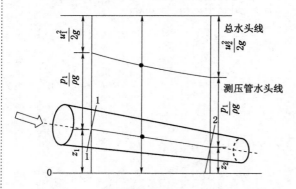

图 3-26　理想流体的总水头线与测压管水头线

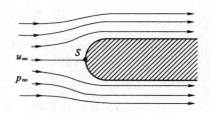

图 3-27　绕流物体的滞流点

解：$\dfrac{p_\infty}{\rho g}+\dfrac{u_\infty^2}{2g}=\dfrac{p_s}{\rho g}+\dfrac{u_s^2}{2g}$

$$p_\infty=p_a=0,\ u_s=0,\ p_s=\rho\frac{u_\infty^2}{2},\ u_\infty=\sqrt{\frac{2p_s}{\rho}}$$

【**例题 3-6**】　水流总压管是一根两端开口、中间弯曲的测压管，其中对准流动方向的探头为半球型，孔口（迎流孔）的直径小，总压管如图 3-28 所示。若总压管中的液面与液流的液面高度差为 Δh，试求来流速度 u。

解：设均匀流中 A 点的流速为 u，若将探头对准 A 点下游的 B 点（A 点与 B 点在同一流线上）。由于流体运动受阻，在 B 点形成流速为零的滞流点。

$$\frac{p_A}{\rho g}+\frac{u^2}{2g}=\frac{p_B}{\rho g} , \quad \frac{p_B}{g\rho}=h+\Delta h , \quad \frac{p_A}{g\rho}=h$$

$$u=\sqrt{2g\Delta h} , \quad u=\varphi\sqrt{2g\Delta h}$$

其中，φ 为流速系数，实验确定。理想流体 $\varphi=1$；黏性流体 $\varphi<1$。

【例题 3-7】 测量管道中的水流或气流速度时，皮托管需与测压管联合使用，如图 3-29 所示，试求待测流体的速度表达式。

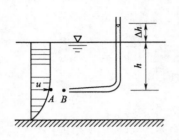

图 3-28　总压管

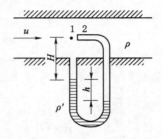

图 3-29　皮托管与测压管

解： $\dfrac{p_1}{\rho g}+\dfrac{u^2}{2g}=\dfrac{p_2}{\rho g} , \quad u=\sqrt{2g\dfrac{p_2-p_1}{\rho g}}=\sqrt{2g\dfrac{(\rho'g-\rho g)\,h}{\rho g}}=\sqrt{\left(\dfrac{\rho'-\rho}{\rho}\right)2gh}$

如果是测量的是气流，则可认为 $\rho'\gg\rho$，$\rho'-\rho\approx\rho'$

气流速度计算公式为 $u=\sqrt{\dfrac{\rho'}{\rho}2gh}$

▲ **思考**——如何利用皮托管测量飞机的飞行速度？

3.4.3　实际流体元流上的伯努利方程

将元流中（或流线上）单位重力流体在过流断面 1-1 与断面 2-2 之间的机械能损失称为元流的水头损失，以 h'_w 表示。假设流动满足下列条件：①流体不可压缩；②流动是恒定的；③质量力为重力；④沿流线积分。黏性摩擦对流体运动的阻力，要由一部分机械能去克服，使机械能转换为热能，沿流动方向机械能降低。根据能量守恒原理有

$$\frac{u_1^2}{2g}+z_1+\frac{p_1}{\rho g}=\frac{u_2^2}{2g}+z_2+\frac{p_2}{\rho g}+h'_w$$

$$(3-28)$$

式（3-28）是实际流体元流上的伯努利方程，式中 h'_w 是单位重量流体两断面间为克服摩擦阻力所消耗的机械能。由于存在机械能损失，总水头 H_0 沿程下降，下降的高度即为水头损失，实际流体的总水头与测压管水头如图 3-30 所示。

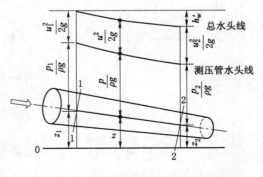

图 3-30　实际流体的总水头与测压管水头

53

与理想流体相同，测压管水头线沿程可能上升，可能下降，可能不变。

3.4.4　总流的伯努利方程

总流是无数元流的累加，应用伯努利方程解决实际问题，需把微小流束的伯努利方程推广到总流中去。工程计算上着眼于总流在过流断面上的平均值，因此伯努利方程式中的各项如以过流断面上的平均值表示，则更有实际价值。总流的伯努利方程表达了两个过流断面处流体能量的关系，以过流断面上的平均值表示。元流的伯努利方程为

$$\frac{u_1^2}{2g} + z_1 + \frac{p_1}{\rho g} = \frac{u_2^2}{2g} + z_2 + \frac{p_2}{\rho g} + h_{\mathrm{w}}'$$

以重量流量与上式相乘，对总流过流断面积分，得到

$$\int \frac{u_1^2}{2g}(\rho g\,\mathrm{d}Q) + \int \left(\frac{p_1}{\rho g} + z_1\right)(\rho g\,\mathrm{d}Q) = \int \frac{u_2^2}{2g}(\rho g\,\mathrm{d}Q) + \int \left(\frac{p_2}{\rho g} + z_2\right)(\rho g\,\mathrm{d}Q) + \int h_{\mathrm{w}}'(\rho g\,\mathrm{d}Q)$$

$$(3-29)$$

分别确定式（3-29）中三种类型的积分。

1. 动能项

积分项里的速度应变为过流断面的平均速度 V。

则过流断面上单位时间流体的平均动能为 $\frac{1}{2}Q_{\mathrm{m}}V^2 = \frac{1}{2}\rho V^3 A$，过流断面的平均速度与任一点速度的关系为 $u = V + \Delta u$，则过流断面上流体的真实动能为

$$\iint_A \frac{1}{2}u^2\rho\mathrm{d}Q = \iint_A \frac{1}{2}\rho u^3\,\mathrm{d}A = \frac{\rho}{2}\iint_A (V^3 + 3V^2\Delta u + 3V\Delta u^2 + \Delta u^3)\mathrm{d}A$$

因为

$$Q = \iint_A u\,\mathrm{d}A = \iint_A (V + \Delta u)\mathrm{d}A = VA + \iint_A \Delta u\mathrm{d}A$$

所以有

$$\iint_A \Delta u\mathrm{d}A = 0$$

故

$$\iint_A \frac{1}{2}u^2\rho\mathrm{d}Q = \frac{\rho}{2}\left(V^3 A + 3VA\left(\iint_A \Delta u^2\,\mathrm{d}A\right)\right) = \frac{\rho}{2}V^3 A\left(1 + \frac{3}{V^2 A}\iint_A \Delta u^2\,\mathrm{d}A\right) = \alpha\frac{\rho}{2}V^3 A$$

显然

$$\alpha \approx 1 + \frac{3}{A}\iint_A \left(\frac{\Delta u}{V}\right)^2\mathrm{d}A \geqslant 1$$

式中　α——动能修正系数，与速度分布有关，通常取 $\alpha=1$；层流时 $\alpha=2$。

2. 位能与压能项

过流断面是与流线上的速度方向成正交的断面，在过流断面上没有速度分量，

则 $u_y = u_z = 0$，N-S 方程的第二、三式简化为

$$\begin{cases} Y - \dfrac{1}{\rho}\dfrac{\partial p}{\partial y} = 0 \\ Z - \dfrac{1}{\rho}\dfrac{\partial p}{\partial z} = 0 \end{cases}$$

这说明处于缓变流的流体压强应该符合流体静力学的压强分布规律 $z + \dfrac{p}{\rho g} = c$，可以代表断面上的平均值，因此总势能积分可以表示为

$$\begin{cases} \displaystyle\iint \left(\dfrac{p_1}{g\rho} + z_1 \right)(\rho g \, \mathrm{d}Q) = c_1 \rho g Q \\ \displaystyle\iint \left(\dfrac{p_2}{g\rho} + z_2 \right)(\rho g \, \mathrm{d}Q) = c_2 \rho g Q \end{cases}$$

3. 水力损失项

水头损失项的表达式为

$$\int h_{\mathrm{w}}' (\rho g \, \mathrm{d}Q) = h_{\mathrm{w}} \rho g Q$$

最终可得总流的伯努利方程，即

$$z_1 + \frac{p_1}{\rho g} + \frac{\alpha_1 V_1^2}{2g} = z_2 + \frac{p_2}{\rho g} + \frac{\alpha_2 V_2^2}{2g} + h_{\mathrm{w}} \tag{3-30}$$

过流断面上速度分布比较均匀时，动能修正系数 $\alpha = 1$，则总流与流线上的伯努利方程在形式上没有区别。总流的伯努利方程是在一定的限制条件下推导出来的，因此在应用时须满足这些条件：流体必须是定常流动，且不可压缩；作用于流体上的质量力只有重力；选取的过流断面必须符合渐变缓断面；在选取的两过流断面间，流量保持不变；两过流断面间，能量损失必须是以热能形式扩散的。

应用伯努利方程时需要注意：

（1）注意压强的度量，在上下游选取相同的起算基准。

（2）尽量使用已知参数比较多的均匀流或缓变流断面，例如自由液面、管道的出口等。

（3）注意汽化压强、最大或最小范围等条件以及物理单位。

（4）注意两个断面之间的流量输入或输出。

（5）伯努利方程通常与连续性方程联合使用。

（6）泵和风机等是将电能转变成流体能量的装置，其功率、效率与流量的关系为：

水泵的有效功率：在单位时间内通过泵的流体所获得的总能量称为有效功率，以 N_e 表示，其表达式为

$$N_e = \gamma Q H / 1000 \quad (\mathrm{kW})$$

式中　γ——被输送液体的容重，$\mathrm{N/m^3}$；

　　　H——水泵扬程，m。

风机的有效功率：风机的全压 p 是指单位体积气体通过风机所获得的有效能

伯努利方
程应用

两断面有
流量分入
或汇出

量，风机有效功率可以表示为

$$N_e = Qp/1000 \quad (\text{kW})$$

为表示输入的轴功率 N 被流体的利用程度，用泵或风机的全效率（简称效率）η 来计量，即

$$\eta = N_e/N$$

因此可得泵或风机轴功率的计算公式

$$N = \frac{N_e}{\eta} = \frac{\gamma QH}{1000\eta} = \frac{Qp}{1000\eta} \quad (\text{kW})$$

（7）水轮机、风力发电装置等是将流体的能量转变成电能的装置，输入和输出与泵和风机相反。

【例题 3-8】 文德里流量计如图 3-31 所示，求流量表达式。

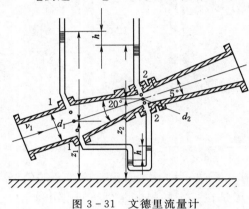

图 3-31　文德里流量计

解： 对断面 1-1、断面 1-2 列伯努利方程式为

$$z_1 + \frac{p_1}{\rho g} + \frac{V_1^2}{2g} = z_2 + \frac{p_2}{\rho g} + \frac{V_2^2}{2g}$$

由连续方程 $V_1 A_1 = V_2 A_2$ 解出

$$V_2 = V_1 \frac{A_1}{A_2} = V_1 \left(\frac{d_1}{d_2}\right)^2$$

代入解得

$$V_1 = \sqrt{\frac{2g}{\left(\dfrac{d_1}{d_2}\right)^4 - 1}} \cdot \sqrt{\left(\frac{p_1}{\rho g} + z_1\right) - \left(\frac{p_2}{\rho g} + z_2\right)}$$

则理论流量为

$$Q_T = \frac{\pi d_1^2}{4} \sqrt{\frac{2g}{\left(\dfrac{d_1}{d_2}\right)^4 - 1}} \cdot \sqrt{\left(\frac{p_1}{\rho g} + z_1\right) - \left(\frac{p_2}{\rho g} + z_2\right)}$$

$$Q_T = k \sqrt{\left(\frac{p_1}{\rho g} + z_1\right) - \left(\frac{p_2}{\rho g} + z_2\right)}$$

式中　k——仪器常数，$k = \dfrac{\pi d_1^2}{4} \sqrt{\dfrac{2g}{\left(\dfrac{d_1}{d_2}\right)^4 - 1}}$。

【例题 3-9】 虹吸管如图 3-32 所示。从水池引水至 B 点，基准面过虹吸管进口断面的中心 A 点，$C-C$ 断面为虹吸管中最高点，B 点为虹吸管出口断面的中心，各位置高度见图 3-32。若不计水头损失，求 $C-C$ 断面的压强水头。

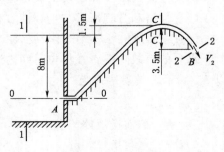

图 3-32　虹吸管

解: 对 C–C 断面、2–2 断面列伯努利方程

$$z_C+\frac{p_C}{\rho g}+\frac{V_C^2}{2g}=z_2+\frac{p_2}{\rho g}+\frac{V_2^2}{2g}$$

已知 $z_C=9.5\mathrm{m}$, $z_2=6\mathrm{m}$, $p_2=p_a=0$, $V_C=V_2$, 求解得

$$\frac{p_C}{\rho g}=-3.5\mathrm{mH_2O}。$$

3.5 动量方程及应用

动量方程应用

动量方程是自然界的动量定理在流体力学中的应用,特别适用于求解某些流体与固体的相互作用问题。所谓系统是一群流体质点的集合,在运动过程中尽管流体系统的形状在不停地发生变化,但始终包含相同的流体质点,有确定的质量。而控制体是为了研究问题方便所选取的特定空间区域,一经选定,相对一定的坐标系,其位置和形状不再发生变化。

3.5.1 动量方程

动量定理表述为所有外力的矢量和等于系统内动量的变化率,即

$$\sum \boldsymbol{F}=\frac{\mathrm{d}(\sum m\boldsymbol{u})}{\mathrm{d}t}=\frac{\mathrm{d}\boldsymbol{K}}{\mathrm{d}t}=\frac{\partial \boldsymbol{K}}{\partial t}+(\nabla \cdot \boldsymbol{u})\boldsymbol{K}$$

式中 $\boldsymbol{K}$——物体的动量,$\boldsymbol{K}=\iiint_v \rho \boldsymbol{u}\mathrm{d}V$

设恒定总流,动量方程推导如图 3-33 所示,取控制体过流断面为渐变流断面,各点速度平行。流体经控制面 1-1 流入、经控制面 2-2 流出。

在 t 时刻有

$$\boldsymbol{K}_{(1-2)}=\boldsymbol{K}_{(1-1')}+\boldsymbol{K}_{(1'-2)t}$$

在 $t+\Delta t$ 时刻有

$$\boldsymbol{K}_{(1'-2')}=\boldsymbol{K}_{(1'-2)(t+\Delta t)}+\boldsymbol{K}_{(2-2')}$$

Δt 时间内动量的增量为

$$\Delta \boldsymbol{K}_{(1'-2')}=\boldsymbol{K}_{(1'-2')}-\boldsymbol{K}_{(1-2)}=\boldsymbol{K}_{(2-2')}-\boldsymbol{K}_{(1-1')}+\boldsymbol{K}_{(1'-2)\Delta t}$$

则 $t+\Delta t$ 时刻有

$$\boldsymbol{K}_{(1'-2')}=\boldsymbol{K}_{(1'-2)(t+\Delta t)}+\boldsymbol{K}_{(2-2')}$$

Δt 时 间 内 流 进 动 量(1-1′ 段) 为

$\boldsymbol{K}_{(1-1')}=\int \boldsymbol{u}_1\mathrm{d}m_1=\Delta t\iint \boldsymbol{u}_1\rho_1 u_1\mathrm{d}A_1$,$\Delta t$ 时 间 内

流 出 动 量(2-2′ 段) 为 $\boldsymbol{K}_{(2-2')}=\int \boldsymbol{u}_2\mathrm{d}m_2=$

$\Delta t\iint \boldsymbol{u}_2\rho_2 u_2\mathrm{d}A_2$,位变造成的动量对时间的变化率

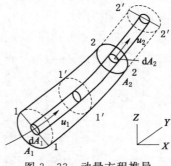

图 3-33 动量方程推导

为 $\dfrac{\boldsymbol{K}_{(2-2')}-\boldsymbol{K}_{(1-1')}}{\Delta t}=\iint \boldsymbol{u}_2\rho_2 u_2\mathrm{d}A_2-\iint \boldsymbol{u}_1\rho_1 u_1\mathrm{d}A_1$

时变造成的动量对时间的变化率为 $\dfrac{\boldsymbol{K}_{(1'-2)}\Delta t}{\Delta t}$

由动量定理得欧拉法表示的动量方程式为

$$\sum\boldsymbol{F}=\lim_{\Delta t\to 0}\frac{\Delta\boldsymbol{K}}{\Delta t}=\iint \rho_2 u_2\boldsymbol{u}_2\mathrm{d}A_2-\iint \rho_1 u_1\boldsymbol{u}_1\mathrm{d}A_1+\frac{\partial\boldsymbol{K}}{\partial t}=\oiint_A \rho u\boldsymbol{u}\mathrm{d}A+\frac{\partial}{\partial t}\iiint_V \rho\boldsymbol{u}\,\mathrm{d}V$$

用断面平均流速代替点流速，并引入修正系数 β 修正用平均流速计算的动量与实际动量的差值，对于不可压缩流体 $\rho_1=\rho_2=\rho$，动量方程式为

$$\sum\boldsymbol{F}=\iint \rho_2 u_2\boldsymbol{u}_2\mathrm{d}A_2-\iint \rho_1 u_1\boldsymbol{u}_1\mathrm{d}A_1=\beta\rho Q\ (\boldsymbol{V}_2-\boldsymbol{V}_1)\qquad(3-31)$$

式中　β——动量修正系数；

$\boldsymbol{V}_1$、$\boldsymbol{V}_2$——过流断面的平均速度。

讨论：过流断面上单位重量流体的平均动量为 $\rho QV=\rho V^2 A$，过流断面的平均速度与任一点速度的关系为 $u=V+u$，过流断面上流体的真实动量如何分析？

有效截面的动量通量可以表示为

$$\iint_A u\rho\mathrm{d}Q=\iint_A \rho u^2\mathrm{d}A=\rho\iint_A (V^2+2V\Delta u+\Delta u^2)\mathrm{d}A$$

进行积分可得

$$Q=\iint_A u\mathrm{d}A=\iint_A (V+\Delta u)\mathrm{d}A=VA+\iint_A \Delta u\mathrm{d}A$$

其中，$\iint_A \Delta u\mathrm{d}A=0$

因此有

$$\iint_A u^2\rho\mathrm{d}Q=\rho\left(V^2 A+\iint_A \Delta u^2\mathrm{d}A\right)=\rho V^2 A\left(1+\iint_A \Delta u^2\mathrm{d}A\right)=\beta\rho V^2 A$$

动量修正系数 $\beta\approx1+\dfrac{1}{A}\iint_A\left(\dfrac{\Delta u}{V}\right)^2\mathrm{d}A\geqslant1$，其大小取决于断面上的流速分布。在渐变流中的值为 $1.02\sim1.05$，为方便计算常采用 $\beta=1$。

式（3-31）表明，作用在控制体上流体外力的和力等于控制体净流出的动量。外力包括作用在控制体上的质量力和表面力，投影到三个坐标上为

$$\begin{aligned}
\sum F_x&=\beta\rho Q\ (v_{2x}-v_{1x})\\
\sum F_y&=\beta\rho Q\ (v_{2y}-v_{1y})\\
\sum F_z&=\beta\rho Q\ (v_{2z}-v_{1z})
\end{aligned}\qquad(3-32)$$

式（3-32）对定常条件下的理想流体和实际流体均适用，请注意总流动量方程的适用条件：不可压缩恒定流动，过流断面为渐变流断面。

3.5.2 动量方程的应用

在应用动量方程求解实际问题时，要注意以下几点：

（1）动量方程是矢量方程，方程中的作用力和速度均为矢量。

（2）所选断面必须是不可压缩流体定常流动的缓变流断面，对断面之间流体的流动不作要求。

（3）在分析过程中首先建立坐标系、选择控制体，然后分析作用在流体上的力，最后列方程。

（4）未知力的方向可以假定，若计算结果为正值，则说明假定正确；反之，则说明实际力的方向和假定相反。

【例题 3－10】 流体对管道的作用力如图 3－34 所示，求水平弯管内流体对管壁的作用力。

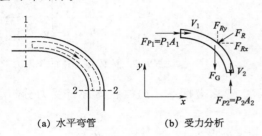

（a）水平弯管　（b）受力分析

图 3－34 流体对管道的作用力

解： 建立图 3－34 坐标系，选控制体进行受力分析，列 x 方向动量方程

$$p_1 A_1 - F_{Rx} = \rho q_v (0 - \beta_1 V_1)$$

列 y 方向列动量方程

$$p_2 A_2 - F_G - F_{Ry} = \rho q_v (-\beta_2 V_2 - 0)$$

$$F = \sqrt{F_{Rx}^2 + F_{Ry}^2}, \quad \alpha = \arctan \frac{F_{Ry}}{F_{Rx}}$$

【例题 3－11】 流体对建筑物的作用力如图 3－35 所示，已知流量 Q，闸门宽 b，上下游水深分别是 h_1 和 h_2，水的密度是 ρ，求流体对建筑物的作用力。

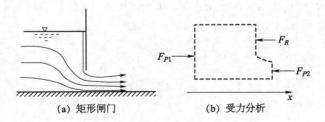

（a）矩形闸门　（b）受力分析

图 3－35 流体对建筑物的作用力

解： 建立图 3－35 的坐标系，选控制体进行受力分析，列 x 方向动量方程

$$F_{P1} - F_{P2} - F_R = \rho Q (\beta_2 V_2 - \beta_1 V_1)$$

$$F_R = F_{P1} - F_{P2} - \rho Q (\beta_2 V_2 - \beta_1 V_1)$$

$$= \frac{1}{2} \rho g b h_1^2 - \frac{1}{2} \rho g b h_2^2 - \rho q_v \left(\frac{Q}{A_2} - \frac{Q}{A_1} \right)$$

$$= \frac{1}{2} \rho g b h_1^2 - \frac{1}{2} \rho g b h_2^2 - \rho \frac{Q^2}{b} \left(\frac{1}{h_2} - \frac{1}{h_1} \right)$$

【例题 3－12】 射流对平面壁的冲击力如图 3－36 所示，已知射流初速度为 V_0，流量为 Q，水的密度为 ρ，求射流对平面壁的冲击力。

解： 建立图 3-36 的坐标系，选控制体进行受力分析，列 x 方向动量方程

$$-F_R = \rho Q\,(0 - \beta_0 V_0)$$

$$F_R = \beta_0 \rho Q V_0$$

▲思考——当来流体流入与流出的速度方向与坐标轴存在夹角，求密度为 ρ 流量为 Q 的流体对管道的作用力，如何建立动量方程？

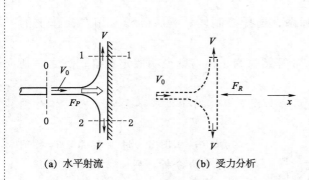

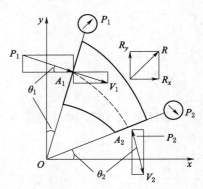

（a）水平射流　　　　　　　　（b）受力分析

图 3-36　射流对平面壁的冲击力　　　　图 3-37　流体对管道的作用力

流体对管道的作用力如图 3-37 所示。建立坐标系，选控制体进行受力分析，列 x 方向动量方程

$$p_1 A_1 \cos\theta_1 - p_2 A_2 \sin\theta_2 - R_x = \rho Q\left[(V_2 \sin\theta_2) - (V_1 \cos\theta_1)\right]$$

列 y 方向的动量方程

$$-p_1 A_1 \sin\theta_1 + p_2 A_2 \cos\theta_2 - R_y = \rho Q\left[(-V_2 \cos\theta_2) - (-V_1 \sin\theta_1)\right]$$

整理得

$$R_x = p_1 A_1 \cos\theta_1 - p_2 A_2 \sin\theta_2 + \rho Q(V_1 \cos\theta - V_2 \sin\theta_2)$$

$$R_y = p_2 A_2 \cos\theta_2 - p_1 A_1 \sin\theta_1 + \rho Q(V_2 \cos\theta_2 - V_1 \sin\theta_1)$$

合力的大小和方向：$R = \sqrt{R_x^2 + R_y^2}$，$\alpha = \arctan\dfrac{R_y}{R_x}$。

本章小结

思考题解答

【思考题】

1. 飞机为什么能飞起来？地面效应是如何产生的？（图 3-38）
2. 运动着的轮船或火车旁为什么具有吸引力？（图 3-39）

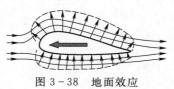

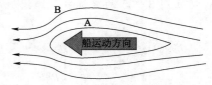

图 3-38　地面效应　　　　　　图 3-39　轮船运动示意图

3. 平行运动的两只船为何可能相撞？
4. 从两张纸中间吹气，纸张是合拢还是分开？
5. 回旋镖为什么能飞出后又回到身边？

6. 图 3-40 中射流对 $\theta=90°$ 和 $\theta=180°$ 平面壁的冲击力有何不同？

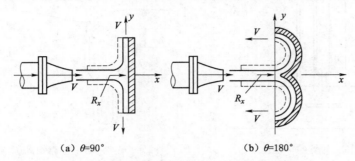

(a) $\theta=90°$　　　　(b) $\theta=180°$

图 3-40　射流对 $\theta=90°$ 和 $\theta=180°$ 平面壁的冲击力

【计算题】

计算题解答

1. 已知平面流动速度 $u_x=3x$，$u_y=3y$，试确定坐标为（8，6）的点上流体的加速度（单位：m）。

2. 已知平面流动的速度分量为：$u_x=x+t^2$，$u_y=-y+t^2$。求当 $t=1$ 时过 M（1，1）的流线方程。

3. 假设有一不可压缩流体在进行三维流动，其速度分布规律为 $u_x=3$（$x+y^3$），$u_y=4y+z^2$，$u_z=x+y$，试分析该流动是否连续。

4. 已知流场的速度分布为 $\boldsymbol{u}=\dfrac{4x}{x^2+y^2}\boldsymbol{i}+\dfrac{4y}{x^2+y^2}\boldsymbol{j}$，求证通过任意一个以原点为圆心的同心圆的流量都是相等的（z 方向取单位长度）。

5. 设有一恒定分流，如图 3-41 所示，$Q_1=Q_2+Q_3$，列出总流伯努利方程。

6. 有一直径缓慢变化的锥形管，如图 3-42 所示，1-1 断面的直径 $d_1=0.15\text{m}$，中心点 A 的相对压强 $p_1=7.2\text{kN/m}^2$。2-2 断面直径 $d_2=0.3\text{m}$，中心点 B 的相对压强 $p_2=6.2\text{kN/m}^2$，$u_2=1.5\text{m/s}$，A、B 两点高度差 $\Delta h=1.0\text{m}$。①判断水流方向；②求断面 1-1、断面 2-2 的水头损失。

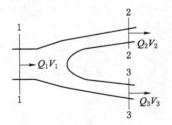

图 3-41　计算题 5 配图

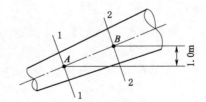

图 3-42　计算题 6 配图

7. 利用皮托管原理测量水管中的点速度，如图 3-43 所示。$\Delta h=60\text{mm}$，求该点流速 u。

8. 为了测量石油管道的流量，安装文丘里流量计，管道直径 $D_1=200\text{mm}$，流量计喉管直径 $D_2=100\text{mm}$，石油密度 $\rho=850\text{kg/m}^3$，流量计流量系数 $\mu=0.95$，如图 3-44 所示。现测得水银压差计读数 $h_p=150\text{mm}$，试求此时管中流量 Q 是多少。

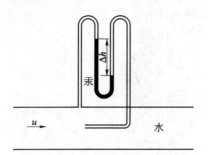

图 3-43 计算题 7 配图

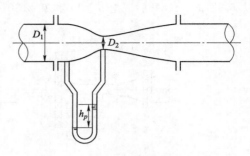

图 3-44 计算题 8 配图

9. 水箱中的水从短管流到大气，管径 $D_1 = 100$mm，该处绝对压强 p_1 是 0.5 倍大气压，直径 $D_2 = 150$mm，如图 3-45 所示，试求水头 H（水头损失忽略不计）。

10. 射流从管道出口垂直向下流入放在磅秤上的一水箱，经水箱侧壁孔口出流而保持水箱水位恒定，如图 3-46 所示，水重和箱重共为 G，若管道出口流量为 Q，出口流速为 V_0，水股入射流速为 V_1，则磅秤上的重量读数为多少？

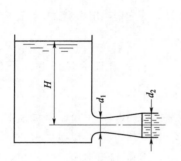

图 3-45 计算题 9 配图

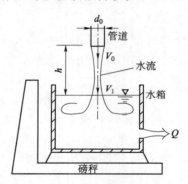

图 3-46 计算题 10 配图

11. 一消防水枪，向上倾角 $\alpha = 30°$，水管直径 $D = 150$mm，压力表读数 p 为 3m 水柱高，喷嘴直径 $d = 75$mm，如图 3-47 所示。求喷出流速，喷至最高点的高程及在最高点的射流直径。

12. 一股射流冲击平板如图 3-48 所示。假设该流动为定常流动，入射流股速度 u_0，流量 Q_0，斜面倾角 θ。设各流股宽度均为 1，不计重力及阻力作用，求流体对斜面的冲击作用力 R 及分流流量 Q_1、Q_2。

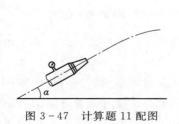

图 3-47 计算题 11 配图

图 3-48 计算题 12 配图

13. 射流从直径为 d 的圆形喷嘴以速度 V 射出,冲击在出口角度为 β_2 的轴对称曲线叶片上,该叶片的运动速度为 u,如图 3-49 所示。$V>u$,若忽略摩擦阻力和水头损失,求射流对运动叶片的冲击力 F_x。

14. 从水箱接一橡胶管道及喷嘴,如图 3-50 所示。橡胶管直径 $D=7.5\text{cm}$,喷嘴出口直径 $d=2.0\text{cm}$。水头 $H=5.5\text{m}$。由水箱至喷嘴的水头损失 $h_w=0.5\text{m}$。用压力表测得橡胶管与喷嘴接头处的压强 $p=4.9\text{N/cm}^2$。如用手握住喷嘴,需要多大的水平力?(行近流速 $u=0$)

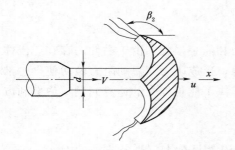

图 3-49　计算题 13 配图

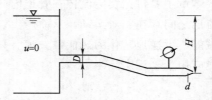

图 3-50　计算题 14 配图

第 4 章　实际流体的阻力和能量损失

　　本章主要讨论实际流体在管道内的阻力和能量损失。由于黏性的存在，流体内部流层之间存在相对运动，从而产生切应力，形成阻力。流动阻力做功使得一部分机械能不可逆地转化为热能散失掉。只有解决了能量损失的计算问题，伯努利方程才能应用于工程实际当中。

4.1　流动阻力与损失概述

　　根据流动边界情况的不同，流体流动损失可分为：沿程阻力损失和局部阻力损失两大类。

　　在等径管路中，由于存在流体与管道壁面以及流体内部的摩擦耗散，流体沿流动方向能量逐渐降低，这种能量损失有一个重要特点，即损失大小与流程长度成正比，因而称为沿程阻力损失。

　　当流体流经变径段、弯头、三通、节流阀、水表、阀门等位置时，流体原有的流动状态被改变，流体不规则地碰撞、旋转、回流，给流体输运方向上的流动造成负面影响，消耗沿输运方向的运动能量。这些在局部范围内产生的损失，被统称为局部阻力损失。

　　沿程阻力损失和局部阻力损失有水头损失 h、压强损失 Δp 和功率损失 P 三种表现形式。对于暖通空调专业，习惯采用水头损失的形式。下面给出以水头损失 h 表示的沿程阻力损失和局部阻力损失的通用计算公式。

　　沿程阻力损失 h_f

$$h_\mathrm{f} = \lambda \frac{L}{d} \frac{V^2}{2g} \tag{4-1}$$

式中　L——管道长度；

　　　d——管道内径；

　　　$\dfrac{V^2}{2g}$——单位重量流体的速度水头；

　　　λ——沿程损失系数，是一个无量纲因数，由实验确定。

式（4-1）被称为达西公式。

局部阻力损失 h_j

$$h_{\rm j}=\zeta\frac{V^2}{2g} \tag{4-2}$$

式中 ζ——局部损失系数，是由实验确定的无量纲数。

水头损失 h、压强损失 Δp 和功率损失 P 三种形式可以通过计算公式相互转化。水头损失 h 乘以流量再乘以 ρg 即为功率损失 P；功率损失 P 也可以用压强损失 Δp 乘以流量计算，即

$$P=h\rho gQ=\Delta pQ \tag{4-3}$$

由式（4-1）和式（4-2）可知，计算沿程阻力损失 $h_{\rm f}$ 和局部阻力损失 $h_{\rm j}$ 的关键是确定沿程损失系数 λ 和局部损失系数 ζ。这两个系数与流体物性（密度、黏度）、管道情况（管道内径、管壁粗糙度）、流体流态等诸多因素有关。

在进一步介绍沿程阻力和局部阻力相关内容之前，必须了解流体流态相关知识，不同流态阻力的产生机理和计算方式有着根本不同。

4.2　层　流　与　湍　流

早在 19 世纪，人们就已经发现沿程水头损失和流速存在某种关系，在流速很小时，水头损失和流速的一次方成正比，但流速较大时，水头损失虽然也随着流速增加而增加，但并非一次方关系。这背后的物理机理最终被英国物理学家雷诺揭开。雷诺对管内流动进行实验时发现黏性流体存在着两种截然不同的流动形态。

4.2.1　雷诺实验

流体流动的实际情况极为复杂。在流体力学发展历程中，实验起到了不可或缺的推动作用。事实上，不光流体力学，现代科学发展都离不开实验。设计开展有关实验，以便主动地研究发现相关规律，彻底改变了人类社会几千年来仅通过日常生活观察、被动进行知识积累的传统模式，极大地促进了科学技术的进步。

现在，就让我们跟随奥斯本·雷诺（Osborne Reynolds）的脚步，重现著名的雷诺实验。

▲ 思考——想要观察、记录水在管中流动的情况，该如何设计实验装置，需要准备什么呢？

首先必须使用透明的玻璃管才可以观察；要在较高位置设置水箱，保证液体流动；设置阀门控制管道流量（水的流速）。

实验难点在于水是无色透明的液体，要如何才能观察到它的流动状况呢？

雷诺的解决方法是在管道入口处添加苯胺染液作为示踪剂，来呈现流线。雷诺实验装置与现象如图 4-1 所示，由足够大的水箱 1 引出玻璃管 2，玻璃管末端装有阀门 3，打开阀门 3 水流通过玻璃管流入量筒 4。5 为苯胺染液容器，打开阀门 6，苯胺染液进入玻璃管 2。7 为溢流板，以保证水箱水位恒定。

在雷诺实验中观察到两种完全不同的流动形态（流线）。

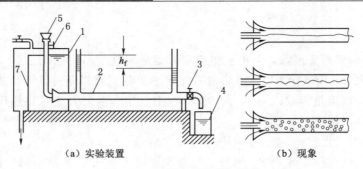

（a）实验装置 （b）现象

图 4-1 雷诺实验装置与现象

一种是明晰的直线情况，如图 4-1（b）右侧最上面管中的情况，苯胺染料流束不与周边的水混合，此时的流动状态被称为层流；另外一种状态是染料流束抖动、破裂，与周围水混合，不断扩散，如图 4-1（b）右侧下面两管中的情况，此时的流动状态为湍流，或被称为紊流。

当阀门开度较小、玻璃管中水流速较低时，为层流，染料在水中呈直线状态。逐渐开大阀门，流速增加，染料开始抖动，进入湍流状态，直线形态逐渐遭到破坏；开大到一定程度，染料彻底混入水中，瞬息万变且杂乱无章。逐渐关小阀门，流速减少，杂乱现象逐渐减轻，直至返回层流，恢复直线状况。

由此可以发现，层流和湍流两种流态间存在临界速度，当流速超过上临界速度时，层流转变为湍流，当流速低于下临界速度时，湍流转变为层流。数值上，上临界速度大于下临界速度。当流速介于上下临界速度之间时，流态可能是层流也可能是湍流，这与实验起始状况和外界扰动等因素有关，上下临界速度之间被称为过渡段，从统计学角度分析，过渡段呈现湍流状态的概率更大一些。以上内容就是雷诺实验直观的实验结果表述，接下来，透过实验现象总结机理更为重要。

4.2.2 雷诺数

单一靠临界速度判定流体状态并不方便，因为随着流体黏性、密度、管道尺寸变化，临界流速也会改变。因此无量纲雷诺数的概念被提出，用于流体流态的判别。

管径为 d 的圆截面管道中，流动着密度为 ρ、黏度系数为 μ、运动黏度为 ν 的流体，其雷诺数为

$$Re = \frac{\rho V d}{\mu} = \frac{V d}{\nu} \qquad (4-4)$$

当 Re 大于某一值，流动为湍流状态，此时的 Re 称为上临界雷诺数，以 Re'_{cr} 表示，实验发现圆管 $Re'_{cr}=12000\sim40000$；当 Re 小于某一值，流动为层流状态，此时的 Re 称为下临界态雷诺数，以 Re_{cr} 表示，工程中一般取圆管的下临界雷诺数 $Re_{cr}=2000$。在 Re'_{cr} 和 Re_{cr} 之间，可能是层流也可能是湍流，属于不稳定的过渡状态。稍有扰动，层流就会被破坏瞬间转为湍流。因此上临界雷诺数在工程上没有实用意义，一般直接将 $Re_{cr}=2000$ 作为管内流动层流和湍流分界的判据，又称为临界雷诺数。

雷诺数从物理意义上分析，代表的是惯性力和黏性力之比，$Re=Vd/\nu$ 中，其中 Vd 体现惯性力的作用，运动黏度 ν 代表黏性力的作用。

雷诺数不同,即两种力的比值不同,由此产生的流体内部结构和运动性质完全不同。当雷诺数小于临界值时,支配流体的是黏性力,在其作用下,管内流动的流体质点不易发生纵向运动,表现为直线状态的层流。当雷诺数大于临界值时,惯性力起主导作用,黏性力对流体质点的约束减弱,出现无规则的运动。当雷诺数足够大时,会在可见尺度上出现涡旋。

需要特别指出的是层流、湍流这两种流动状态虽是在雷诺管内流动实验中定义的,实际上这也是一切流体运动普遍存在的物理现象,不仅仅局限于管内流动。

4.2.3 水力直径

⚠ 思考——式(4-4)给出了横截面为圆形的管道内的流动雷诺数公式,那么其他形状的横截面,例如楼宇通风工程中常用的矩形管道,其雷诺数如何计算呢?

截面形状改变,即式(4-4)中圆截面管径 d 发生变化。需要定义水力直径 d_H,来表征非圆截面尺寸特性。

圆管的截面积 A 与周长 S 的关系为

$$\frac{A}{S} = \frac{\frac{\pi d^2}{4}}{\pi d} = \frac{d}{4}$$

则有

$$d = 4\frac{A}{S}$$

受此启发,定义各种非圆(异型)断面的管道水力直径 d_H 为过流断面面积 A 与湿周 χ 之比的 4 倍,定义水力半径 R_H(也可以用 R 表示)为水力直径的 $1/4$,即

$$d_H = 4\frac{A}{\chi}$$

$$R_H = \frac{d_H}{4} = \frac{A}{\chi} \tag{4-5}$$

式(4-5)中,χ 称为湿周,定义为过流断面上流体与固体壁面接触的周界。这样定义的管道水力直径 d_H,可以兼容、包括圆形管道,即对于圆形管道 $d_H = d$。

几种非圆管道雷诺数计算公式和临界雷诺数值见表 4-1。根据流速计算实际 Re 值,比较 Re 与 Re_{cr} 的大小即可判断这几种非圆管中的流态。

表 4-1　　　　　　　非圆管道雷诺数计算公式和临界雷诺数值

管道断面形状	正方形	正三角形	同心缝隙	偏心缝隙
Re	$\dfrac{V}{\nu}a$	$\dfrac{V}{\nu}\dfrac{a}{\sqrt{3}}$	$\dfrac{V}{\nu}2\delta$	$\dfrac{V}{\nu}(D-d)$
Re_{cr}	2070	1930	1100	1000

【**例 4 - 1**】　空调管道截面为 $0.3m \times 0.2m$ 的矩形，当管内 20℃摄氏度的空气以 3m/s 的速度流动时，试确定其流动状态。

解： 查表得 20℃时空气的运动黏度为

$$\nu = 14.8 \times 10^{-6} m^2/s$$

截面为 $0.3m \times 0.2m$ 的矩形管道的水力直径为

$$d_H = 4\frac{A}{S} = \frac{4 \times 0.3 \times 0.2}{2 \times (0.3 + 0.2)} = 0.24m$$

以 3m/s 速度流动的空气，其雷诺数为

$$Re = \frac{Vd_H}{\nu} = \frac{3m/s \times 0.24m}{14.8 \times 10^{-6} m^2/s} = 4.86 \times 10^4$$

$Re = 4.86 \times 10^4$ 大于表 4 - 1 中正方形临界雷诺数 2070，因此此空调管内流动为湍流。

4.3　层　流　流　动

层流多见于很细的管道或者高黏性流体流动中，如润滑油管道、原油输送管道中的流动。

4.3.1　均匀流

圆管中层流流动阻力和损失的理论分析，是建立在均匀流理论的基础之上的。均匀流，也被称为泊肃叶（Poiseuille）流动，是指各层流线彼此平行的流动。长直圆管中的层流流动，即可视为均匀流。圆管均匀流动如图 4 - 2 所示。

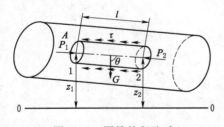

图 4 - 2　圆管均匀流动

分析圆管恒定均匀流段 1 - 2 区间，取半径为 r 的流段，断面 1、2 的面积均为 A，长度为 l，两断面分别受到压力 $P_1 = p_1 A$ 和 $P_2 = p_2 A$；流段受到重力 $G = \rho g A l$；设流段表面的平均切应力为 τ_0，χ 为湿周，则流段表面受到的摩擦力为 $T = \tau_0 l \chi$。

均匀流中流速沿程不变，作用于流段上的压力、壁面切应力、重力相互平衡，有

$$P_1 + G\cos\theta - P_2 - T = 0$$

即

$$(p_1 - p_2)A + g\rho A(z_1 - z_2) - \tau_0 l\chi = 0 \qquad (4-6)$$

式（4 - 6）各项除以 $\rho g A$，整理得

$$\left(z_1 + \frac{p_1}{\rho g}\right) - \left(z_2 + \frac{p_2}{\rho g}\right) = \frac{\tau_0 \chi l}{\rho g A}$$

列出断面 1－1、断面 2－2 的伯努利方程，得

$$\left(z_1+\frac{p_1}{\rho g}\right)=\left(z_2+\frac{p_2}{\rho g}\right)+h_{\text{f}}$$

则

$$h_{\text{f}}=\frac{\tau_0}{\rho g}\frac{\chi}{A}l=\frac{\tau_0}{\rho g}\frac{l}{R_{\text{H}}} \tag{4-7}$$

或者

$$\tau_0=\rho g R_{\text{H}}\frac{h_{\text{f}}}{l}=\rho g R_{\text{H}}J \tag{4-8}$$

式中　R_{H}——流段的水力半径，$R_{\text{H}}=\dfrac{A}{\chi}$；

　　　J——水力坡度，$J=\dfrac{h_{\text{f}}}{l}$。

结论：圆管均匀流断面上的切应力 τ_0 变化呈线性分布，在管轴中心处 $r=0$，$\tau_0=0$；在边壁处 $r=r_0$，τ_0 最大。

式（4－7）给出了圆管均匀流沿程的水头损失，式（4－8）给出了圆管均匀流切应力表达式。这两个公式在推导过程中并未涉及流体质点运动状况，因此这两个公式对层流和湍流都适用。由于层流速度分布和水头损失理论计算推导中要用到均匀流方程式，故在章节安排上将均匀流和层流放在这里一起介绍。

4.3.2　层流流速分布

如前所述层流各流层质点互不掺混。圆管内各层质点沿着平行管轴线的方向运动。与管壁接触的质点速度为零，在管轴线处速度最大，其过流断面上的速度分布如图 4－3 所示。

各流层间切应力服从牛顿内摩擦定律，考虑到沿半径方向速度梯度为负值，切应力表示为

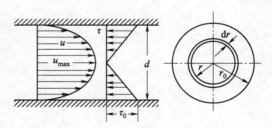

图 4－3　过流断面上的速度分布

$$\tau=\mu\frac{\text{d}u}{\text{d}y}=-\mu\frac{\text{d}u}{\text{d}r} \tag{4-9}$$

其中，$y=r_0-r$

将式（4－9）代入均匀流切应力方程，得

$$-\mu\frac{\text{d}u}{\text{d}r}=\rho g\frac{r}{2}J$$

分离变量得

$$du = -\frac{\rho g J}{2\mu} r \, dr \qquad (4-10)$$

代入边壁 $r=r_0$ 处 $u=0$ 的边界条件，对式（4-10）积分，有

$$\int_u^0 du = -\frac{\rho g J}{2\mu} \int_r^{r_0} r \, dr$$

可得

$$u = \frac{\rho g J}{4\mu}(r_0^2 - r^2) = \frac{\rho g h_f}{4\mu l}(r_0^2 - r^2) = \frac{\Delta p}{4\mu l}(r_0^2 - r^2) \qquad (4-11)$$

式（4-11）为过流断面上速度分布的计算公式，该式为抛物线方程。过流断面上速度呈抛物线分布，是圆管层流最为重要的特征之一。

将 $r=0$ 代入式（4-11），得到管轴处最大流速，即

$$u_{max} = \frac{\rho g J}{4\mu} r_0^2 \qquad (4-12)$$

流量为

$$Q = \iint_A u \, dA = \int_0^{r_0} \frac{\rho g J}{4\mu}(r_0^2 - r^2)(2\pi r \, dr) = \frac{\pi \rho g J}{8\mu} r_0^4 = \frac{\pi \Delta p d^4}{128\mu l} \qquad (4-13)$$

平均流速为

$$V = \frac{Q}{A} = \frac{\rho g J}{8\mu} r_0^2 \qquad (4-14)$$

比较平均流速和最大流速的关系，可以得知：圆管层流断面平均流速为最大流速的一半，即 $V = \frac{1}{2} u_{max}$。由此可见层流过流断面上的速度分布不均，故引入动能修正系数 α，其表达式为

$$\alpha = \frac{\int_A u^3 \, dA}{V^3 A} = 2$$

动量修正系数为

$$\beta = \frac{\int_A u^2 \, dA}{V^2 A} = \frac{4}{3} \approx 1.33$$

4.3.3 层流沿程水头损失

根据式（4-14）可以得到

$$h_f = Jl = \frac{32\rho g l}{g d^2} V \qquad (4-15)$$

联立沿程损失通用式，即式（4-1），可以得

$$\lambda = \frac{64}{Re} \qquad (4-16)$$

式（4-16）为圆管内层流沿程阻力损失系数的理论计算公式，该式表明，层流的沿程损失系数，或称沿程摩阻系数，仅与雷诺数有关，并与速度的一次方成正比。

【例 4-2】 油在管径 $d=100$mm、长度 $l=1.6$km 的管道中流动。若管道水平放置，油的密度 $\rho=915$kg/m^3，$v=1.86\times10^{-5}$m^2/s，求每小时通过 5t 油所需要的功率。

解： 管道中的质量流量 $Q_m=5$t/h，其体积流量为

$$Q=\frac{Q_m}{\rho}=\frac{5\times1000}{915\times3600}\approx1.52\times10^{-3}\quad(\text{m}^3/\text{s})$$

断面平均流速为

$$V=\frac{Q}{A}=\frac{4Q}{\pi d^2}=\frac{4\times0.00152}{\pi\times0.1^2}\approx0.194\quad(\text{m/s})$$

流动雷诺数为

$$Re=\frac{Vd}{v}=\frac{0.194\times0.1}{1.86\times10^{-5}}\approx1043<2000$$

故管道中的流动为层流。

沿程损失系数为

$$\lambda=\frac{64}{Re}=\frac{64}{1043}\approx0.061$$

由式（4-1），得

$$h_f=\lambda\frac{l}{d}\frac{V^2}{2g}=0.061\times\frac{1.6\times10^3}{0.1}\times\frac{0.194^2}{2\times9.8}\approx1.874\text{m}$$

所需的功率

$$P=gQ_m h_f=9.8\times\frac{5\times1000}{3600}\times1.874\approx25.507\text{W}$$

4.4 湍 流 流 动

自然界和工业界中的流动绝大多数为湍流，暖通空调学科中遇到的问题也以湍流流动为主。湍流流动伴随涡体发生、发展与横向掺混，流动结构复杂，其流速分布规律与沿程损失规律比圆管层流要复杂得多。

湍流中各层质点互相掺混，使得流场中各点的速度随时间无规则变化，流场中各点流动参数也随时变化，这种现象称为湍流脉动。湍流脉动性、随机性如图4-4所示。单个质点的湍流脉动是完全随机的。但宏观上，众多流体质点的随机运动从统计学的角度分析，还是能总结出趋势性的规律，即湍流具有统计确定性。

20世纪以来，特别是随着流动显示技术的发展可以发现：湍流涡旋的组成和发展，特别是大尺度涡旋，有着某种确定的次序演化结构，称其为拟序结构。卡门涡街就是这种确定的拟序结构的代表。钝柱的卡门涡街如图4-5所示。

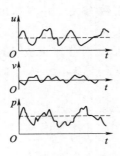

图 4 - 4　湍流脉动性、随机性　　　　图 4 - 5　钝柱的卡门涡街

如何在湍流脉动性、随机性中把握好其统计确定性和拟序结构，是湍流研究的关键问题。

4.4.1　湍流统计时均法

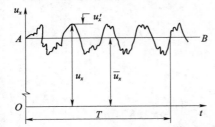

图 4 - 6　湍流瞬时流速及时均化

湍流瞬时流速及时均化如图 4 - 6 所示。其为实测某流体质点沿流动方向（x 方向）瞬时速度 u_x 随时间变化的曲线。由图 4 - 6 可知，u_x 的变化具有随机性，在时间 T 内对其求平均值为

$$\overline{u}_x = \frac{1}{T} \int_0^T u_x \mathrm{d}t$$

式中　$\overline{u}_x$——该点在 x 方向的时均速度。

定义了时均速度，瞬时速度就可以表示为时均速度与脉动速度的叠加，即

$$u_x = \overline{u}_x + u'_x$$

式中　u'_x——该点在 x 方向的脉动速度。

脉动速度随时间变化，时大时小，时正时负，但在时间段 T 内，u_x 的时均值为零，即

$$\overline{u'_x} = \frac{1}{T} \int_0^T u'_x \mathrm{d}t = 0$$

同理，质点拥有坐标系中其他两个方向的脉动，u'_y 和 u'_z，用湍流度 N 表示湍流脉动的程度，其表达式为

$$N = \frac{\sqrt{\left(\overline{u'^2_x} + \overline{u'^2_y} + \overline{u'^2_z}\right)/3}}{\overline{u}_x} \tag{4-17}$$

需要注意的是脉动速度 u_x 的时均值为零，但式（4 - 17）中脉动速度的均方值不等于零。

➤ **思考**——时均速度和断面平均速度定义有何不同？

时均速度 $\overline{u}$ 为某一空间点的瞬时速度在时间段 T 内的时均平均值，即

$$\bar{u} = \frac{1}{T} \int_0^T u \, dt$$

断面平均速度 V 为过流断面上各点速度（湍流的时均速度）的断面平均值，即

$$V = \frac{1}{A} \int_A \bar{u} \, dA$$

4.4.2 湍流近壁面特征

黏性流体，无论黏性大小，都满足近壁面上无滑移条件，即紧邻壁面的流体质点速度为零。在紧靠壁面的很薄的流层内，速度由零快速增长，速度梯度很大。由于壁面的制约，流体质点在近壁面处横向掺混受限，速度脉动趋于消失。因此，近壁面处，黏性切应力作用凸显。我们将近壁面处黏性切应力起决定性控制作用的流动薄层称为黏性底层，如图 4-7 所示。黏性底层内侧还有一层界限不明显的过渡层，再向内就是湍流核心区。

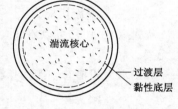

图 4-7 黏性底层

实验表明，黏性底层的厚度 δ_0 可表示为

$$\delta_0 = \frac{32.8 d}{Re \sqrt{\lambda}} \tag{4-18}$$

其中，δ_0 和 d 的单位均为 mm，λ 为沿程损失系数。黏性底层厚度通常不到 1mm，随雷诺数增大而减小。

黏性底层虽然薄，但它对湍流流动的能量损失有重要影响。这种影响又与管道壁面粗糙程度 k_s 直接相关。

当黏性底层厚度 $\delta_0 > k_s$ 时，壁面粗糙凹凸完全淹没于黏性底层之中，如图 4-8（a）所示。此时，黏性底层外的湍流区域完全不受管道壁面粗糙度的影响，流体就像在完全光滑的管内流动一样，因此将这种情况的管内流动现象称为水力光滑。

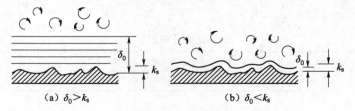

（a）$\delta_0 > k_s$ （b）$\delta_0 < k_s$

图 4-8 黏性底层与管道壁面粗糙度

当黏性底层厚度 $\delta_0 < k_s$ 时，粗糙凹凸的壁面有部分或绝大部分暴露在湍流区，如图 4-8（b）所示。此时，流体流过壁面，会产生漩涡。管道壁面粗糙程度对流动产生影响。这种情况的管内流动现象称为水力粗糙。

注意：因为黏性底层的厚度与雷诺数相关，所以随着雷诺数的变化，同一管道有可能是水力光滑的，也有可能变为水力粗糙的。

▲**思考**——层流的断面速度分布符合抛物线规律，那么湍流的断面速度分布情

湍流速度和
应力分布

况是怎样呢?

如前所述,层流断面速度分布规律是基于均匀流方程和牛顿内摩擦定律得出的,而均匀流方程和牛顿内摩擦定律对于层流、湍流均适用。只是,湍流存在横向脉动速度,显然比层流速度分布情况更为复杂。

这里直接给出半经验公式。对于水力光滑管,距离壁面 y 处的速度为 u,其分布满足

$$\frac{u}{u_*} = 2.5\ln\frac{u_* y}{\rho g} + 5.5 \qquad (4-19)$$

式中　u_*——壁剪切速度,$u_* = \sqrt{\dfrac{\tau_w}{\rho}}$;

τ_w——壁面切应力。

从式(4-19)可以看出,水力光滑管的流速分布完全取决于黏性,与粗糙度 k_s 无关。

对于水力粗糙管,距离壁面 y 处的速度为 u,其分布满足

$$\frac{u}{u_*} = 2.5\ln\frac{y}{k_s} + 8.5 \qquad (4-20)$$

式(4-20)表明,水力粗糙管的流速分布取决于壁面粗糙度 k_s,而与黏性底层无关。

湍流的速度分布除了上述对数率公式外,尼古拉斯在1932年还根据实验结果提出了指数公式

$$\frac{u}{u_{\max}} = \left(\frac{y}{r_0}\right)^{\frac{1}{n}} \qquad (4-21)$$

式中　$u_{\max}$——管轴处最大速度;

r_0——管道半径;

n——指数,随雷诺数变化。

指数流速分布的 n 值见表4-2。

表 4-2　　　　　　　　　　　　　　指数流速分布的 n 值

Re	4×10^3	2.3×10^4	1.1×10^5	1.1×10^6	2.0×10^6	3.2×10^6
n	6.0	6.6	7.0	8.8	10.0	10.0

4.5　沿程损失的实验研究与计算

因流体力学具有复杂性,理论计算可以解决的问题比较有限,故在流体问题的研究过程中,实验的作用至关重要。

接下来介绍著名的研究沿程损失尼古拉兹实验。

4.5.1　尼古拉兹实验

尼古拉兹为了研究管流沿程阻力,在不同内径的管道上粘贴不同粒径的均匀沙

粒，制成了六种相对粗糙度的实验管，采用不同速度进行了一系列实验。雷诺数 Re 的实验范围从 500 到 10^6，相对粗糙度 $\dfrac{k_s}{d}$ 分别为 $\dfrac{1}{30}$、$\dfrac{1}{61.2}$、$\dfrac{1}{120}$、$\dfrac{1}{152}$、$\dfrac{1}{504}$ 和 $\dfrac{1}{1014}$。相关实验结果于 1933 年发表。

以雷诺数 Re 为横坐标，沿程损失系数 λ 为纵坐标，将实验数据记录在对数坐标纸上，尼古拉兹实验曲线如图 4-9 所示。通过分析实验结果，尼古拉兹将实验曲线分为 5 个阻力区。

1. 层流区

$Re < 2300$ 时，实验点呈直线分布（图中 ab 段，L 部分），实验结果和前文理论计算完全相同，此区间管道相对粗糙度对沿程损失系数没有任何影响。由此可见在层流区，沿程损失系数 λ 仅与雷诺数 Re 相关，沿程损失系数 λ 的计算公式为 $\lambda = 64/Re$。

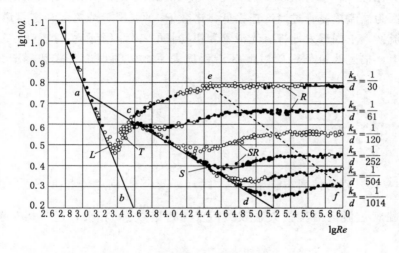

图 4-9　尼古拉兹实验曲线

2. 临界区（过渡区）

当 $2300 < Re < 4000$ 时，层流开始转变为湍流，实验点比较分散（图中 bc 段，T 部分），波动不规律。尼古拉兹没有给出此区间沿程损失系数 λ 的计算公式。

3. 光滑管湍流区（湍流光滑管区）

当雷诺数 $Re > 4000$ 时，实验点呈现直线分布（图中 cd 段，S 部分），对于不同粗糙度的管流，在 cd 直线上的长度不同，换言之 S 区和 SR 区的交界点不唯一。相对粗糙度 $\dfrac{k_s}{d}$ 越大，离开 cd 直线的雷诺数 Re 越小。可见，光滑管湍流区雷诺数 Re 的上限并非常数，而与相对粗糙度 $\dfrac{k_s}{d}$ 有关。根据尼古拉兹实验数据可知，光滑管湍流区雷诺数 Re 的取值范围为 $400 < Re < 22.2\left(\dfrac{d}{k_s}\right)^{\frac{8}{7}}$。

描述直线 cd 段 λ 的公式为

$$\lambda = \frac{0.3164}{Re^{0.25}} \qquad (4-22)$$

式（4-22）被称为布拉休斯公式，式中仅体现雷诺数 Re 的影响，不包含粗糙度 k_s。这说明此区域内，沿程损失与管路粗糙度无关。这是因为绝对粗糙度 k_s 的数值远小于黏性底层的厚度 δ_0。

4. 湍流粗糙管过渡区

湍流粗糙管过渡区（图 4-9 中 cd 与 ef 两线间囊括的中间区域 SR 部分）从不同相对粗糙度管道实验点脱离直线 cd 变为波浪曲线开始，直至各相对粗糙度管道实验点分布呈平行直线为止。湍流粗糙管过渡区的起止范围有多种表述，常见的有以下两种：

$26.98\ (d/k_s)^{\frac{8}{7}} < Re < 2308\ (d/k_s)^{0.85}$ 或 $22.2\ (d/k_s)^{\frac{8}{7}} < Re < 597\ (d/k_s)^{\frac{9}{8}}$

这是因为湍流粗糙管过渡区连接低雷诺数 Re 的光滑管湍流区和高雷诺数 Re 的粗糙管湍流区，不同程度地带有光滑管和粗糙管的特性，界限相对模糊。

事实上，描述湍流粗糙管过渡区沿程损失系数 λ 的理论公式和经验公式，分别为

$$\frac{1}{\sqrt{\lambda}} = -2\lg\left(\frac{k_s}{3.7d} + \frac{2.51}{Re\sqrt{\lambda}}\right) \qquad (4-23)$$

$$\lambda = 0.11\left(\frac{k_s}{d} + \frac{68}{Re}\right)^{0.25} \qquad (4-24)$$

式（4-23）称为柯列布茹克公式，式（4-24）是阿里特苏里公式，由此可见在湍流粗糙管过渡区沿程损失系数 λ 不仅与雷诺数 Re 相关，还与相对粗糙度 $\frac{k_s}{d}$ 有关。

5. 粗糙管湍流区（平方阻力区）

当雷诺数 Re 增大越过 ef 线时，进入粗糙管湍流区。此区域（R 区域）内黏性底层厚度 δ_0 远小于绝对粗糙度 k_s 的数值，湍流特征布满全管。雷诺数 Re 增减不再产生影响，沿程损失系数 λ 的大小仅取决于相对粗糙度 $\frac{k_s}{d}$ 大小，因此这一区域被称为粗糙管湍流区。

在此区域，$Re > 597\ (d/k_s)^{\frac{9}{8}}$ 的理论公式为尼古拉兹粗糙管公式，即

$$\lambda = \frac{1}{\left[2\lg\left(3.7\ \frac{k_s}{d}\right)\right]^2} \qquad (4-25)$$

经验计算公式由希夫林松提出，即

$$\lambda = 0.11\left(\frac{k_s}{d}\right)^{\frac{9}{8}} \qquad (4-26)$$

结论：综合分析 5 个区域情况可知，管内流动沿程损失系数 λ 受雷诺数 Re 和相对粗糙度 $\dfrac{k_s}{d}$ 两因素的影响，$\lambda = f\left(Re, \dfrac{k_s}{d}\right)$，但区域不同，影响机理和表象各异。在粗糙管湍流区，沿程损失系数 λ 仅与相对粗糙度 $\dfrac{k_s}{d}$ 有关，不受雷诺数 Re 影响；而在光滑管湍流区和层流区，沿程损失系数 λ 与相对粗糙度 $\dfrac{k_s}{d}$ 无关，仅受雷诺数影响。

将各区域沿程损失系数 λ 的计算公式代入式（4-1）可以得出水头形式的沿程阻力损失。例如在光滑管湍流区，水头损失 h_f 正比于流速 v 的 1.75 次方。

$$h_f = \lambda \frac{L}{d} \frac{V^2}{2g} = \frac{0.3164}{Re^{0.25}} \frac{L}{d} \frac{v^2}{2g} = \frac{0.3164}{(vd/v)^{0.25}} \frac{L}{d} \frac{V^2}{2g} = \frac{0.3164}{(d/v)^{0.25}} \frac{L}{d} \frac{V^{1.75}}{2g}$$

同理计算可得粗糙管湍流区水头损失 h_f 正比于流速 v 的 2 次方，因此粗糙管湍流区又被称为平方阻力区。h_f 的表达式为

$$h_f = \lambda \frac{L}{d} \frac{V^2}{2g} = \frac{1}{\left[2\lg\left(3.7\dfrac{k_s}{d}\right)\right]^2} \frac{L}{d} \frac{V^2}{2g} \tag{4-27}$$

4.5.2 当量粗糙度

➤思考——实际工业管道和尼古拉兹实验中的人工管道在粗糙形式上是不同的，尼古拉兹实验相关公式能否应用于实际工业管道？如何应用？

直观的想法是将工业管道和人工管道的粗糙形式联系起来，即以尼古拉兹实验采用的人工粗糙度为度量标准，把工业管道的粗糙度折算成人工管道粗糙度。

把管径相同、湍流粗糙区 λ 值相等的人工粗糙管的粗糙凸起高度，定义为该管材工业管道的当量粗糙度，以 k_s 表示。常见工业管道的当量粗糙度见表 4-3。将当量粗糙度代入尼古拉兹实验中得到相关公式，即可得到工业管道的沿程损失。

表 4-3　　　　　　　　　常用工业管道的当量粗糙度

序号	管道类型	k_s/mm	序号	管道类型	k_s/mm
1	钢板制风管	0.15	11	新乙烯管	0~0.002
2	塑料板制风管	0.01	12	铅管、铜管、玻璃管	0.01
3	矿渣石膏板风管	1.0	13	钢管	0.046
4	表面光滑的砖风道	4.0	14	涂沥青铸铁管	0.12
5	矿渣混凝土板风道	1.5	15	混凝土管	0.3~3.0
6	铁丝抹灰风道	10~15	16	木条拼合圆管	0.18~0.9
7	胶合板风道	1.0	17	镀锌钢管	0.15
8	地面沿墙砌风道	3~6	18	新铸铁管	0.15~0.5
9	墙内砌砖风道	30~60	19	旧铸铁管	1~1.5
10	镀锌铁管、白铁皮管	0.15	20	拉拔管	0.0015

4.5.3　莫迪图

尼古拉兹通过实验开展了对管内流体能量损失规律的率先研究，但尼古拉兹实验中涵盖的内容并非尼古拉兹一人之力，通过公式名称，如希夫林松公式，就可以得知，还有诸多流体力学先驱贡献了自己的力量，给出了各自或基于经验、或基于理论、或半经验半理论的沿程损失系数计算公式。其中应用最广泛的是柯列布茹克（Colebrook）公式，其表达式为

$$\frac{1}{\sqrt{\lambda}} = -2\lg\left(\frac{k_s}{3.7d} + \frac{2.51}{Re\sqrt{\lambda}}\right) \tag{4-28}$$

在式（4-28）中，沿程损失系数 λ 存在于方程左右两侧，需迭代计算方可得出结果。

为了便于使用，莫迪使用双对数坐标轴表示沿程损失系数 λ 与相对粗糙度 $\frac{\varepsilon}{d}$ 和雷诺数 Re 的关系，这就是莫迪图（图4-10）。这样一来，通过查莫迪图，就可以方便地确定沿程损失系数 λ 的数值，避免了迭代计算。

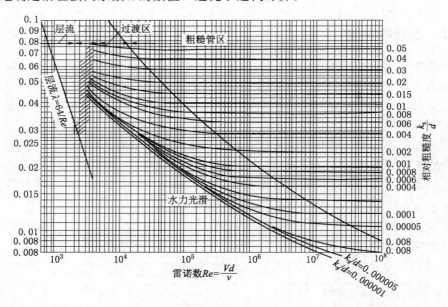

图 4-10　莫迪图

【例 4-3】　在管径（d）200mm、长（L）100m、绝对粗糙度（ε）0.4mm 的铸铁管道内，运动黏度（ν）为 $1\times10^{-6}\,\mathrm{m^2/s}$ 的水的流量（q_v）为 $1000\mathrm{m^3/h}$，计算该管段的沿程损失 h_f。

解： 水在管内的平均流速为

$$V = \frac{4q_v}{\pi d^2} = \frac{4\times1000}{\pi\times(0.2\mathrm{m})^2} \approx 31847\mathrm{m/h} \approx 8.846\mathrm{m/s}$$

雷诺数为

$$Re=\frac{Vd}{\nu}=\frac{8.846\text{m/s}\times0.2\text{m}}{1\times10^{-6}\text{m}^2/\text{s}}\approx1.769\times10^6$$

而临界雷诺数为

$$2308\left(\frac{d}{k_s}\right)^{0.85}=2308\left(\frac{200}{0.4}\right)^{0.85}\approx4.543\times10^5$$

因为该流动的雷诺数大于临界雷诺数，所以该管流处于粗糙管湍流区。

应用莫迪图，根据 $Re=1.769\times10^6$ 和 $\frac{k_s}{d}=0.002$，查图可得 $\lambda=0.0238$。当然，也可以根据粗糙管湍流区沿程损失系数计算公式计算。

将得出的沿程损失系数 $\lambda=0.0238$ 代入式（4-1）达西公式，得沿程损失为

$$h_f=\lambda\frac{L}{d}\frac{V^2}{2g}=0.0238\times\frac{100}{0.2}\times\frac{8.846^2}{2\times9.8}=47.5\text{m}$$

4.6　局　部　损　失

局部水头损失是由于管道突扩、突缩、转弯、闸阀等原因，造成流体内部质点速度、压强变化，势能和动能相互转化过程中引起的能量损失，取决于流道边壁突变产生的急变流内流动结构的特征。局部损失发生在一定距离内，但可将其视为是在局部流道变化的较小范围内完成，产生局部水头损失的地方往往形成漩涡。大量实验结果表明，漩涡区面积越大，漩涡强度越大，局部水头损失也越大，常见的局部损失类型如图4-11所示。

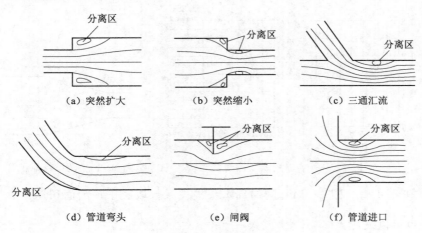

（a）突然扩大　　　（b）突然缩小　　　（c）三通汇流

（d）管道弯头　　　（e）闸阀　　　（f）管道进口

图4-11　常见的局部损失类型

4.6.1　突然扩大

管道突然扩大是一种常见的局部损失，如图4-12所示。流体由小直径管道流向大直径管道时，主流流束先收缩后扩张，在管壁拐角与主流束之间形成漩涡，漩涡在主流束带动下不断旋转，由于壁面的作用以及质点的摩擦，不断地将机械能转

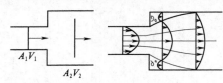

图 4-12 突然扩大

化为热能而耗散。可利用包达定理对其局部水头损失进行计算，即

$$h_j = \frac{(V_1 - V_2)^2}{2g} \qquad (4-29)$$

将包达定理转换为局部损失的通用表达式，只需代入连续性方程 $V_1 A_1 = V_2 A_2$，可得

$$h_j = \left(1 - \frac{A_1}{A_2}\right)^2 \frac{V_1^2}{2g} = \zeta_1 \frac{V_1^2}{2g} \qquad (4-30)$$

$$h_j = \left(\frac{A_2}{A_1} - 1\right)^2 \frac{V_2^2}{2g} = \zeta_2 \frac{V_2^2}{2g} \qquad (4-31)$$

注意：计算时选用的阻力系数应与流速水头相对应。当流体从管内淹没流入断面极大的容器时，$\dfrac{A_1}{A_2} \approx 0$，可视为管道突扩的一种特例，此时局部损失系数 $\zeta \approx 1$，称为管道出口损失系数。

4.6.2 渐扩管

渐扩管的局部水头损失可以在包达定理的基础上进行调整，计算公式为

$$h_j = k \frac{(V_1 - V_2)^2}{2g}$$

其中 k 为经验系数，其数值在吉布松实验中测定，吉布松实验曲线如图 4-13 所示。

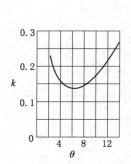

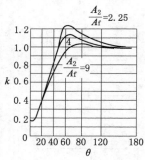

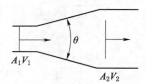

图 4-13 吉布松实验曲线　　　　　图 4-14 圆锥形渐扩管

圆锥形渐扩管（图 4-14）的局部水头损失系数取决于扩大面积比 $n = \dfrac{A_2}{A_1}$ 和扩张角 θ，也可以表达为

$$h_j = \left[\frac{\lambda}{8\sin\dfrac{\theta}{2}}\left(1 - \frac{1}{n^2}\right) + \sin\theta\left(1 - \frac{1}{n}\right)^2\right]^2 \frac{V_1^2}{2g} \qquad (4-32)$$

式（4-32）适用于锥角 $\theta \leqslant 20°$ 的圆锥形渐扩管，λ 为管道扩大前的沿程损失系数。事实上，当扩张角 $\theta > 8°$ 后，主流就会脱离边壁，形成漩涡区，水头损失系数迅速增大。

4.6.3 突然收缩

突然收缩如图 4−15 所示。

流体突然收缩进入小管时，形成一个过流断面最小的收缩断面，其面积为 A_c，这叫作缩颈现象。定义断面收缩系数 $C_c = \dfrac{A_c}{A}$。突然缩小的局部损失系数 ζ 与 C_c 的对应关系见表 4−4。

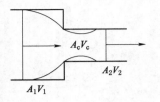

图 4−15　突然收缩

表 4−4　　　　　突然缩小的局部损失系数 ζ 与 C_c 的对应关系

A_2/A_1	0.01	0.1	0.2	0.3	0.4	0.5	0.6	0.7	0.8	0.9	1
C_c	0.618	0.624	0.632	0.643	0.659	0.618	0.712	0.755	0.831	0.892	1.00
ζ	0.490	0.469	0.431	0.378	0.343	0.298	0.257	0.212	0.161	0.070	0

当流体由断面极大的容器流入管中时，$\dfrac{A_2}{A_1} \approx 0$，$\zeta \approx 0.5$，称为管道入口损失系数，是管道突缩的一种特例。

4.6.4 逐渐缩小

逐渐缩小管如图 4−16 所示。

逐渐缩小管阻力产生的主要原因是沿程摩擦，一般不会出现流线脱离壁面的问题。其局部损失系数可查图 4−17 得出。

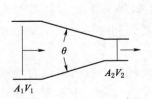

图 4−16　逐渐缩小管

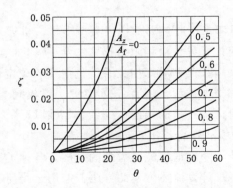

图 4−17　逐渐缩小管局部损失系数

消防管出口、水力采煤器等的出口收缩角一般符合 $10° \leqslant \theta \leqslant 20°$，其阻力系数常取为 0.04。

4.6.5 弯管

弯管是另一类常见的局部损失，如图 4−18 所示。

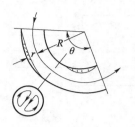

图 4-18　弯管示意图

流体在弯管中流动的损失由三部分组成：第一部分是由切向应力产生的损失，在流动方向改变、流速分布变化中产生的就是这种损失；第二部分是形成旋涡所产生的损失；第三部分是由二次流形成的双螺旋流动所产生的损失。

由于流体流经弯管时，外侧速度低，内侧速度高，速度差造成离心力不同，内侧流体在离心力差值的作用下向外侧流动，造成外侧流体质点堆积，在径向平面内形成两个旋转运动，与主流结合就形成二次螺旋流。弯管局部损失系数取决于转角 θ、曲率半径 r 与管半径之 R 比，转角 $\theta=90°$ 时的弯管局部损失系数 ζ 见表 4-5。

表 4-5　　　　　　　　　　$\theta=90°$ 时的弯管局部损失系数 ζ

r/R	0.1	0.2	0.3	0.4	0.5	0.6	0.7	0.8	0.9	1
ζ	0.132	0.138	0.158	0.206	0.294	0.44	0.661	0.977	1.408	1.978

4.6.6　常用管件的局部水头损失

常用管件的局部水头损失系数

工程中常用管件的局部水头损失大部分已经由实验确定，例如三通接头、闸板阀与截止阀等，其数值可查阅相关手册。

对于不同类型的局部水头损失，机理并不相同且复杂多变，很难从理论上一一给出完备的解释。只有突然扩大、突然收缩、圆锥形渐扩管三种几何形状变化简单的情况，其局部阻力损失可由伯努利方程、能量方程等基本控制方程推出，得到解析解。

▲思考——既然局部损失类型多样、机理复杂，难以给出严谨的机理公式，那么该如何计算各种沿程阻力损失？

绝大多数典型局部损失系数是由实验确定的。除前文已经介绍过的渐缩管、弯管等局部损失类型，还有三通接头、闸板阀与截止阀等。因此，只需查询相关书籍、手册，将查得的局部损失系数 ζ 乘以 $V^2/2g$ 即可得到水头形式的局部损失系数 h_j。这种方式在各类工程计算中被普遍使用。

此外，随着计算流体力学的发展，各种类型的局部阻力也可以通过建模计算的方式求得。计算流体力学的方法普遍用于科研和优化过程中，更多有关计算流体力学的内容将在后续章节介绍。

【例 4-4】　管道与大容器相连接，如图 4-19 所示，试描述图中的局部损失。

解：图 4-19 中（1）即为突然扩大 $\dfrac{A_1}{A_2}\rightarrow0$，$\zeta\approx1$ 的情况，此时 $h_j=\dfrac{V_1^2}{2g}$ 表示流体进入大容器后，管中动能全部消失；图 4-19 中（2）可以看作突然收缩 $\dfrac{A_2}{A_1}\rightarrow0$，$\zeta=0.5$ 的情况；图 4-19 中（3）采用圆形管道对入口管路形状进行修改，$\zeta=0.1$；

图 4-19 中（4）采用圆滑曲线对入口管路形状进行修改，ζ 可下降至 $0.01\sim0.05$。图 4-19 中（3）和（4）示意了两种减小局部阻力的尝试。

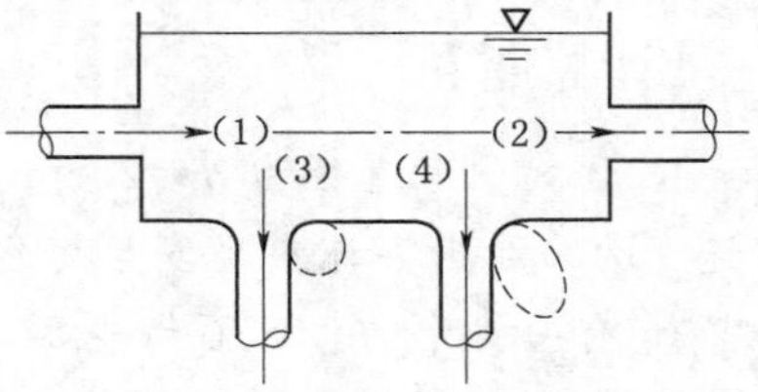

图 4-19 管道与大容器相连

4.6.7 减阻措施

沿程阻力和局部阻力，都属于损耗。如何减少阻力，始终是流体力学专业研究的重点之一，掌握阻力减少的基本原理，对于节能减排意义重大。

人思考——减少管内流动损失的措施有哪些？

前文介绍了管内流动损失，给出了不同条件下流动损失的计算公式。

对于沿程阻力损失，通过分析尼古拉兹实验中各段沿程损失系数的机理公式可知，流速 v、管径 d、管壁绝对粗糙度 k_s、流体黏性 μ、流体密度 ρ 等多个物理量对阻力损失有直接影响。即沿程损失系数为

$$\lambda = f\left(Re, \frac{k_s}{d}\right) = f\left(\frac{\rho V d}{\mu}, \frac{k_s}{d}\right)$$

仔细分析这些流动损失的计算公式，即可明确减阻降损措施。

最为直观的方式就是减小管壁粗糙度，光滑的管道内壁有利于减少沿程阻力损失。

另外流速 v 和管径 d 的调整十分关键，只是这两个参数的改变属于工程设计和优化范畴，在此流体力学机理分析部分，暂不做深入考量。

还可以改变流体本身物理性质，通过加入少量添加剂的方式影响流体质子流动，改变流体黏性等物性参数。

对于局部阻力损失，减阻的重点在于防止或推迟流体与壁面的分离，减少漩涡。具体方法是让管道的局部变化更为平顺，减少突变。从减阻的角度来看，渐变优于突变。

本章小结

思考题解答

【思考题】

1. 如何判别流动是层流还是湍流？

2. 层流和湍流的速度分布符合怎样的规律？

3. 层流中是否也存在黏性底层？

4. 湍流近壁面有何特征？

5. 在圆管流动的 5 个阻力区段中，哪些区段沿程损失系数 λ 仅与雷诺数 Re 相关，哪些区段仅和相对粗糙度 $\dfrac{\varepsilon}{d}$ 有关？

6. 水力光滑管和水力粗糙管如何区分？当流动条件发生变化时，又有何不同？

7. 局部损失产生的原因是什么？

8. 如何减小沿程损失和局部损失？

【计算题】

1. 已知水管直径为 $d=20\text{cm}$，流速 $V=2\text{m/s}$，当水温为 20℃ 时，判断其流态。流速变为多少时，流态会发生变化？

2. 有一排水沟，断面为矩形，其底部宽度为 20cm，流速为 0.15m/s，水深为 15cm，水温 10℃ 时，试判别其流态。

3. 有一输油管，其直径 $d=15\text{cm}$，流量 $Q=16.3\text{m}^3/\text{h}$，油的运动黏度 $\nu=0.2\text{cm}^2/\text{s}$，试求其每公里长度的沿程水头损失。

4. 已知有一直径为 100mm 的油管，管内油的密度 $\rho=901\text{kg/m}^3$，运动黏度 $\nu=0.9\text{cm}^2/\text{s}$。测压的水银压差计皮托管安装在管轴位置，水银面高度差 25mm，试求油的流量。

5. 在半径为 r_0 的管道内，流体流动状态为层流，试求在流速与管内平均流速相等处距离管轴的距离。

6. 有直径为 300mm，管长为 500m 的铸铁管，管内水的体积流量为 $Q=50\text{m}^3/\text{h}$，试用以下两种方法计算此管段的沿程水头损失：①利用相应的公式计算；②查莫迪图。

7. 有断面为圆形和正方形两种管道，在其断面面积、管道长度、管内壁面相对粗糙度以及通过的流量都相等的条件下，试求雷诺数分别处于层流区、光滑管湍流区、粗糙管湍流区时，两种管型管道沿程水头损失之比。

8. 在 $Re=10^5$ 时，某镀锌管和直径为 300mm 的铸铁管沿程损失系数相同，试求镀锌管的管径。

9. 如图 4-20 所示，某 90° 弯管内流有运动黏度 $\nu=1\times10^{-6}\text{m}^2/\text{s}$，$q_v=15\text{m}^3/\text{h}$ 的水，管径 $d=50\text{mm}$，管壁绝对粗糙度 $k_s=0.2\text{mm}$，水银压差计连接点间距离 $L=0.8\text{m}$，压差计度数为 $h=200\text{mmHg}$，试求弯管的损失系数。

10. 如图 4-21 所示，在锅炉省煤器的进口处测得烟气负压 $h_1=10.5\text{mmH}_2\text{O}$，出口负压 $h_2=20\text{mmH}_2\text{O}$。如炉外空气密度 $\rho_1=1.2\text{kg/m}^3$，烟气密度 $\rho_2=0.6\text{kg/m}^3$，两测压断面高度差 $H=5\text{m}$，试求烟气通过省煤器的压强损失。

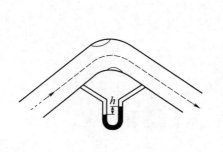

图 4-20　计算题 9 配图

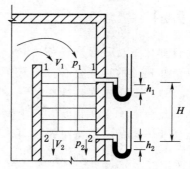

图 4-21　计算题 10 配图

第 5 章　暖通空调中的有压流动

单元导学

课件

本书前 4 章介绍了流体力学基本概念和理论、流体静力学和动力学基本原理，以及实际流体的阻力和能量损失。在接下来的章节中，流体力学相关内容将与土木工程学科紧密结合，伴随土木工程大类中各二级学科的具体实践，进一步学习流体力学知识。

第 5 章首先介绍流体力学在暖通空调、给排水、消防等学科领域中的相关知识及应用，内容以孔口、管嘴出流和管内流动为主。所谓管内流动，或内流体力学，是从流体与固体的相对位置关系角度来分类，流体在固体内部的管中流动即为管内流动。此外，还有流体在开放固体中的明渠流动（第 6 章）、流体在多孔固体孔隙间的渗流（第 7 章）、流体在固体外部的绕流（第 8 章）等。

5.1　孔　口　出　流

在工程中常遇到流体经过孔口出流的问题，如给排水工程中的各类取水孔口，通风工程中的门、窗、洞口、布风器等，水利工程的泄水孔口、滴灌等。

5.1.1　孔口分类

由于孔口出流的情况多种多样，根据孔口结构和出流条件，有以下分类：

（1）大孔口出流和小孔口出流：当孔口直径 d 与孔口形心以上的水头高度 H 的比值不大于 0.1，即 $d/H \leqslant 0.1$ 时，可认为孔口出流断面上的各点流速相等，且各点水头相等，此时称为小孔口出流；当孔口直径 d 与孔口形心以上的水头高度 H 的比值大于 0.1，即 $d/H > 0.1$ 时，需考虑在孔口出流断面上各点的水头、压强、速度沿孔口高度的变化，此时称为大孔口出流。

（2）按水头随时间变化分为恒定出流和非恒定出流。当孔口出流时，容器中的水量如能得到不断补充，从而使孔口的作用水头不变，这种出流称为恒定出流；反之，即为非恒定出流。

（3）根据壁厚是否影响出流形状，可分为薄壁孔口出流和厚壁孔口出流。当孔口具有锐缘时，孔壁与水流仅在一条周线上接触，即孔口的壁厚对出流并不发生影响，此种情况称为薄壁孔口；否则称为厚壁孔口。

（4）根据出流空间情况可分为自由出流和淹没出流。流体经孔口流入大气称为自由出流，流体通过孔口流入液体空间称为淹没出流。

5.1.2　薄壁小孔口恒定出流

5.1.2.1　自由出流

薄壁小孔口（$H \geqslant 10d$）自由出流，如图 5 – 1 所示。现推导基本公式，其中断面 c – c 是孔口出流后形成流束的最小收缩断面，其面积是 A_c，孔口截面面积是 A，两者之比称为孔口收缩系数 ε，其公式为

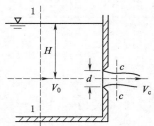

图 5 – 1　薄壁小孔
口自由出流

$$\varepsilon = \frac{A_c}{A} \qquad (5-1)$$

取断面 1 – 1 和断面 c – c 列伯努利方程

$$0 + H + \frac{\alpha_1 V_1^2}{2g} = 0 + \frac{p_c}{\rho g} + \frac{\alpha_c V_c^2}{2g} + h_w \qquad (5-2)$$

其中 $p_c = 0$，$h_w = h_j = \zeta \dfrac{V_c^2}{2g}$，$\zeta$ 为孔口的局部损失系数，

令 $H_0 = H + \dfrac{\alpha_1 V_1^2}{2g}$，代入式（5 – 2）可得

$$H_0 = (1 + \zeta) \frac{V_c^2}{2g}$$

式中　H_0——作用水头，如果 $V_1 \approx 0$，则 $H_0 = H$。收缩断面流速为

$$V_c = \frac{1}{\sqrt{\alpha_c + \zeta}} \sqrt{2gH_0} = \varphi \sqrt{2gH_0} \qquad (5-3)$$

其中 $\varphi = \dfrac{1}{\sqrt{\alpha_c + \zeta}}$ 为流速系数。

孔口的流量为

$$Q = V_c A_c = \varphi \sqrt{2gH_0} \, \varepsilon A = \mu A \sqrt{2gH_0} \qquad (5-4)$$

其中 $\mu = \varphi \varepsilon$，称为孔口的流量系数。

由于边壁的整流作用，它的存在会影响收缩系数，故有完全收缩与非完全收缩之分，视孔口边缘与容器边壁距离与孔寸之比的大小而定，大于 3 则可认为完全收缩，小于 3 则为非完全收缩，完全收缩与非完全收缩如图 5 – 2 所示。实测出流流束在各方向完全收缩的小孔口，收缩系数 $\varepsilon = 0.64$，孔口的局部损失系数 $\zeta = 0.06$，流速系数 $\varphi = 0.97$，流量系数 $\mu = 0.62$。

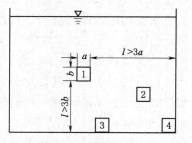

图 5 – 2　完全收缩与非完全收缩

5.1.2.2　淹没出流

流体由孔口直接流入另一部分液体中被称为淹没出流，薄壁小孔口淹没出流如

图 5-3 所示，取断面 1-1 和断面 2-2 列伯努利方程：

$$H_1 + \frac{p_a}{\rho g} + \frac{\alpha_1 V_1^2}{2g} = H_2 + \frac{p_a}{\rho g} + \frac{\alpha_2 V_2^2}{2g} + \zeta \frac{V_c^2}{2g} + \zeta_e \frac{V_c^2}{2g}$$

令 $H_0 = H_1 - H_2 + \dfrac{\alpha_1 V_1^2}{2g}$，又 $V_2 \approx 0$，整理

可得到

收缩断面流速为

$$V_c = \frac{1}{\sqrt{\zeta_e + \zeta}} \sqrt{2gH_0} = \varphi \sqrt{2gH_0}$$

$$(5-5)$$

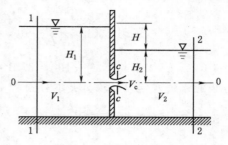

图 5-3 薄壁小孔口淹没出流

流量为

$$Q = V_c A_c = \varepsilon \varphi A \sqrt{2gH_0} = \mu A \sqrt{2gH_0}$$

$$(5-6)$$

式中 H_0——作用水头，当 $V_1 \approx 0$ 时，$H_0 = H_1 - H_2 = H$；

　　　ζ——孔口的局部损失系数，与自由出流相同；

　　　ζ_e——水流自收缩断面突然扩大的局部损失系数。根据式（4-30）进行计算，当 $A_2 \gg A_c$ 时，$\zeta_e \approx 1$；

　　　φ——淹没孔口的流速系数，$\varphi = \dfrac{1}{\sqrt{\zeta_e + \zeta}} = \dfrac{1}{\sqrt{1 + \zeta}}$；

　　　μ——淹没孔口的流量系数，$\mu = \varphi \varepsilon$。

注意：淹没出流孔口断面各点的水头相同，因此淹没出流无大孔口与小孔口之分。小孔口出流基本公式（5-4）也适用于大孔口，大孔口流量系数见表 5-1。由于大孔口的收缩系数 ε 较大，因而流量系数 μ 也较大。

表 5-1　　　　　　　　　　**大 孔 口 流 量 系 数**

收 缩 情 况	μ	收 缩 情 况	μ
全部不完全收缩	0.70	底部无收缩，侧向有很小收缩	0.70～0.75
底部无收缩，侧向有适度收缩	0.66～0.70	底部无收缩，侧向有极小收缩	0.80～0.90

【例题 5-1】　矩形平板闸门下出流，已知闸门宽度 $B = 6\mathrm{m}$，闸门前水深 $H = 5\mathrm{m}$，闸门开口高度 $h = 1.1\mathrm{m}$，闸门后收缩断面水深 $h_c = 1\mathrm{m}$，流量系数 0.6，不计底部摩擦力，求水流对闸门的推力。

解：$Q = \mu A \sqrt{2gH_0} = \mu B h \sqrt{2g\left(H - \dfrac{h_c}{2}\right)}$

$$= 0.6 \times 6 \times 1.1 \times \sqrt{2 \times 9.8 \times (5 - 0.5)} \approx 37.19 \mathrm{m^3/s}$$

$$V_0 = \frac{Q}{BH} = \frac{37.19}{6 \times 5} \approx 1.24 \mathrm{m/s}, \quad V_c = \frac{Q}{Bh_c} = \frac{37.19}{6 \times 1} \approx 6.2 \mathrm{m/s}$$

闸孔出流如图 5-4 所示，建立坐标系，取控制体，列动量方程

$$\rho Q(V_c - V_0) = F_0 - F_c - R$$

求作用力

$$R' = -R = F_c - F_0 + \rho Q(V_c - V_0) = \frac{1}{2} g\rho h_c^2 B - \frac{1}{2} g\rho H^2 B + \rho Q(V_c - V_0)$$

$$R' = \frac{1}{2} \times 10^3 \times 9.8 \times 1^2 \times 6 - \frac{1}{2} \times 10^3 \times 9.8 \times 5^2 \times$$

$$6 + 10^3 \times 37.19 \times (6.2 - 1.24) = -5.21 \times 10^5 \text{N}$$

因此水流对闸门的推力大小为 $5.21 \times 10^5 \text{N}$，方向水平向右。

5.1.3　孔口非恒定出流

孔口出流过程中，容器内水位发生变化，导致出流流量随时间变化的流动，称为孔口非恒定出流或变水头出流。孔口非恒定出流如图 5-5 所示。

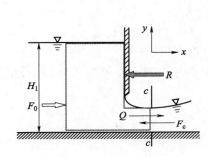

图 5-4　闸孔出流

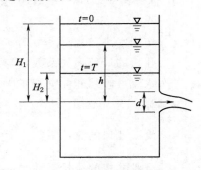

图 5-5　孔口非恒定出流

⚠思考——如何计算孔口非恒定出流容器的泄空时间？

以图 5-5 为例，柱形容器截面积为 Ω，设某时刻容器水面高度为 h，在微小时间段 dt 内，孔口出流体积为

$$dV_\tau = Qdt = \mu A \sqrt{2gh}\, dt$$

该时间段内水面下降 dh，容器内减少的体积 $V_\tau = -\Omega dh$，则有

$$dt = -\frac{\Omega}{\mu A \sqrt{2gh}} dh \qquad\qquad (5-7)$$

积分式（5-7），得到水位由 H_1 下降到 H_2 所需的时间为

$$T = \int_0^T dt = \int_{H_1}^{H_2} -\frac{\Omega}{\mu A \sqrt{2g}} \frac{dh}{\sqrt{h}} = \frac{2\Omega}{\mu A \sqrt{2g}} \left(\sqrt{H_1} - \sqrt{H_2} \right) \qquad (5-8)$$

令 $H_2 = 0$，得到泄空时间为

$$T_0 = \frac{2\Omega}{\mu A \sqrt{2g}} \sqrt{H_1} = \frac{2\Omega H_1}{\mu A \sqrt{2gH_1}} = \frac{2V_\tau}{Q_{max}} \qquad\qquad (5-9)$$

式中　V_τ——容器放空的体积；

　　　Q_{max}——开始出流时的最大流量。

【例题 5-2】孔口出流如图 5-6，求孔口流速系数

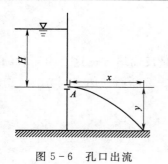

图 5-6 孔口出流

解：$x = Vt$，$y = \dfrac{1}{2}gt^2$，从而可求得

$$t = \sqrt{\frac{2y}{g}} , V = \sqrt{\frac{gx^2}{2y}} , V_0 \sqrt{2gH} ,$$

$$\varphi = \frac{V}{V_0} = \frac{\sqrt{\dfrac{gx^2}{2y}}}{\sqrt{2gH}} = \sqrt{\frac{x^2}{4yH}}$$

5.2 管 嘴 出 流

在孔口上对接长度为 3~4 倍孔径的短管，水通过短管并在出口断面满管流出的水力现象被称为管嘴出流。管嘴出流的局部损失由两部分组成，即孔口的局部水头损失及收缩断面后扩展产生的局部损失，水头损失大于孔口出流。

5.2.1 圆柱形外管嘴恒定出流

圆柱形外管嘴恒定出流如图 5-7 所示，管嘴长度为 l，直径为 d，管嘴出流速度为 V，$c-c$ 截面为收缩断面，取 1-1 截面和
2-2 截面列伯努利方程

$$H + \frac{\alpha_0 V_0^2}{2g} = \frac{\alpha V^2}{2g} + \zeta_n \frac{V^2}{2g}$$

可得管嘴出口速度为

$$V = \frac{1}{\sqrt{\alpha + \zeta_n}} \sqrt{2gH_0} = \varphi_n \sqrt{2gH_0}$$

$$(5-10)$$

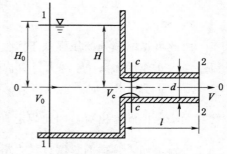

图 5-7 圆柱形外管嘴恒定出流

管嘴流量为

$$Q = VA = A\varphi_n \sqrt{2gH_0} = \mu_n A \sqrt{2gH_0}$$

$$(5-11)$$

式中 　H_0——作用水头，$H_0 = H + \dfrac{\alpha_0 V_0^2}{2g}$，当 $V_0 \approx 0$ 时 $H_0 = H$，管嘴局部水头损失

　　　系数 $\zeta_n = 0.5$；

　　φ_n——管嘴的流速系数，$\varphi_n = \dfrac{1}{\sqrt{\alpha + \zeta_n}} = \dfrac{1}{\sqrt{1 + 0.5}} = 0.82$；

　　μ_n——流量系数，因出口断面无收缩，故 $\mu_n = \varphi_n = 0.82$。

⌐ 思考——孔口出流与管嘴出流的能力哪一个更大？

虽然管嘴出流水头损失大于孔口出流，但管嘴出流为满流，因此流量系数仍比孔口大，故管嘴出流能力大。比较两者流量系数，$\mu_n = 1.32\mu$，可见在相同作用水头下，同样面积的管嘴出流能力是孔口的 1.32 倍。

5.2.2　管嘴收缩断面的真空

孔口外接短管成为管嘴，虽然增加了阻力，但是流量反而增加，这是由于收缩断面真空的作用，在图 5-7 中取收缩 $c-c$ 断面和出口 $2-2$ 断面列伯努利方程，分析柱状管嘴内的真空度：

$$\frac{p_c}{\rho g} + \frac{\alpha_c V_c^2}{2g} = \frac{p_a}{\rho g} + \frac{\alpha V^2}{2g} + \zeta_e \frac{V^2}{2g}$$

局部损失主要发生在主流扩大上，其中

$$\zeta_e = \left(\frac{A}{A_c} - 1\right)^2 = \left(\frac{1}{\varepsilon} - 1\right)^2 \tag{5-12}$$

将式（5-12）代入伯努利方程，得

$$\frac{p_v}{\rho g} = \frac{p_a - p_c}{\rho g} = \left[\frac{\alpha_c}{\varepsilon^2} - \alpha - \left(\frac{1}{\varepsilon} - 1\right)^2\right]\varphi_n^2 H_0 \tag{5-13}$$

将各项系数 $\alpha_c = \alpha = 1$，$\varepsilon = 0.64$，$\varphi_n = 0.82$ 代入式（5-13），得到收缩断面的真空高度

$$\frac{p_v}{\rho g} = \frac{p_a - p_c}{\rho g} = 0.75 H_0 \tag{5-14}$$

由此可见缩颈处的压强低于大气压强，处于真空状态，该处真空的抽吸作用使流量增大。作用水头 H_0 越大，管内收缩断面的真空高度也越大。但实际中，当真空高度大于 7m 水柱时，空气将会从管嘴出口断面吸入，使得收缩断面真空被破坏，管嘴无法保持满管出流。因此规定管嘴作用水头的限值 $[H_0] = \dfrac{7}{0.5} = 9\text{m}$。

另外，如果管嘴的长度过长，沿程损失不能忽略，管嘴出流变为短管出流。如果管嘴的长度过短，流束在管嘴内收缩后，来不及扩大到整个出口断面，不能阻断空气进入，无法形成真空条件，管嘴无法发挥作用。

注意：圆柱形外伸管嘴的正常工作条件：

（1）作用水头 $H_0 \leqslant 9\text{m}$，即缩颈处的压强小于液体的饱和压强。

（2）管嘴长度 $l = (3 \sim 4)d$。

5.3　管道的水力计算概述

5.3.1　管道的分类

工程中为了方便计算，按照阻力计算特点将管道分为两种：一种是沿程阻力和局部阻力都占有相当比例，均需恰当考虑的短管，如抽水机的吸水管、虹吸管、道路涵管等；另一种是水头损失中绝大部分为沿程阻力损失，局部阻力损失可以忽略不计的情况，称其为长管，如输水管道、煤气管道。需要指出的是，这里的长、短

是阻力计算意义上的，而非几何意义上的。

根据管道的布置情况与连接情况，可以将管道分为简单管道与复杂管道。简单管道是指粗糙度相同并且没有分支的等径管道，复杂管道又分为串联管道、并联管道、枝状管道、环状管网。

根据简单短管的出流形式，可以分为自由出流和淹没出流。

研究有压管流对建筑环境与设备工程、给水排水工程、市政工程、环境保护工程等具有实用意义。

5.3.2 基本公式

管路需全面考虑沿程阻力和局部阻力的情况，管路的流动损失为

$$h_{\mathrm{w}} = \left(\lambda \frac{1}{d} + \Sigma \zeta\right) \frac{V^2}{2g} \qquad (5-15)$$

将速度 V 与流量 Q 的关系式 $V = \dfrac{4Q}{\pi d^2}$ 代入式（5-15），得

$$h_{\mathrm{w}} = \frac{8\left(\lambda \dfrac{1}{d} + \Sigma \zeta\right)}{\pi^2 d^4 g} Q_V^2$$

定义 S_{H} 为阻力损失用水头表示时的管路阻抗，其单位为 $\mathrm{s^2/m^5}$，表达式为

$$S_{\mathrm{H}} = \frac{8\left(\lambda \dfrac{1}{d} + \Sigma \zeta\right)}{\pi^2 d^4 g} \qquad (5-16)$$

则

$$h_{\mathrm{w}} = S_{\mathrm{H}} Q_V^2 \qquad (5-17)$$

定义 S_{P} 为阻力损失用压强表示时的管路阻抗，其单位为 $\mathrm{kg/m^7}$，表达式为

$$S_{\mathrm{P}} = \frac{8\left(\lambda \dfrac{1}{d} + \Sigma \zeta\right)\rho}{\pi^2 d^4} \qquad (5-18)$$

则

$$P = S_{\mathrm{P}} Q_V^2 \qquad (5-19)$$

式（5-16）和式（5-17）多用于液体管路计算，如空调水系统管路；式（5-18）和式（5-19）多用于不可压缩气体管路计算，如空调通风管道计算。

暖通空调专业涉及的流动问题，绝大多数处于粗糙管湍流区（平方阻力区），沿程阻力系数 λ 仅与管壁相对粗糙度 $\dfrac{k_{\mathrm{s}}}{d}$ 有关。在管路建成、材质确定的前提下，沿程阻力损失系数 λ 可视为常数。

S_{H} 和 S_{P} 综合反映管路沿程阻力和局部阻力情况，称为管路阻抗。管路阻抗的引入使得管路流动规律直接、方便地展现在式（5-16）和式（5-18）中，流动阻力损失与体积流量的平方成正比。这一点在以流体力学为基础的暖通空调、流体输配管网、供热工程等专业学科中经常用到。

短管出流的
设计问题和
计算方法

实际管路是由等径管、渐缩管、渐扩管、弯管折管、阀门等多种部件构成的，复杂多变。

5.4　短　管　水　力　计　算

短管水力计算实际上是根据部分已知条件，确定前述公式中的某些变量，而求解其他变量的问题，基本类型如下：

（1）当管道断面尺寸、管道材料、作用水头、局部损失组成已知时，求解管道通过的流速和流量。这类问题多用于校核，可以直接利用前述公式求解。

（2）当管道尺寸和输水能力已知时，计算水头损失，求解通过一定流量时所必需的水头。

（3）当已知作用水头、流量、管长、管道材料、局部损失组成时，确定所需的管径。

（4）对一个已知管道尺寸、水头和流量的管道，要求确定管道各断面压强的大小，即确定沿短管各处压强是否满足工作要求，是否出现过大的真空。

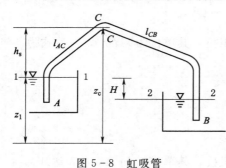

图 5-8　虹吸管

管道轴线部分高出无压供水水面的管道称为虹吸管，由于虹吸管具有跨越高地、减少地面开挖以及便于自动操作等优点，在工程中应用广泛。虹吸管如图 5-8 所示。由 A 到 B 使用虹吸管供水，管道轴线的一部分高出无压供水水面 1-1。由于虹吸管的一部分高出无压的供水水面，管内因此存在真空区段。若真空度过大，溶解在水中的空气会大量析出，聚集在虹吸管顶部，阻碍水的流动。因此，在实际使用过程中，一定将虹吸管管内最大真空度限制在 $7 \sim 8 \mathrm{mH_2O}$。

【例 5-3】　图 5-8 所示虹吸管，上下游水池的水位差 $H = 2.5 \mathrm{mm}$，AC 管长 $l_{AC} = 15 \mathrm{mm}$，BC 管长 $l_{CB} = 25 \mathrm{mm}$，管径 $d = 200 \mathrm{mm}$，沿程阻力损失系数 $\lambda = 0.025$，转弯处的水头损失系数 $\zeta_b = 0.2$，管顶允许真空度 $h_v = 7 \mathrm{mH_2O}$，试求管道通过流量及最大允许高度 h_s。

解：取 1-1 断面至 2-2 断面列伯努利方程

$$H_1 + \frac{V_1^2}{2g} + \frac{p_1}{\rho g} = H_2 + \frac{V_2^2}{2g} + \frac{p_2}{\rho g} + \sum h_w$$

其中，$p_1 = p_2 = 0$，$V_1 \approx V_2 \approx 0$，$H_1 - H_2 = H$，则有

$$H = h_w = \left(\lambda \frac{l_{AB}}{d} + \sum \zeta \right) \frac{V^2}{2g}$$

其中，$\sum \zeta = \zeta_e + 3\zeta_b + 1 = 0.5 + 3 \times 0.2 + 1 = 2.1$

故流速为

$$V = \frac{1}{\sqrt{\lambda \dfrac{l_{AC}}{d} + \sum \zeta}} \sqrt{2gH} = \frac{\sqrt{2 \times 9.8 \times 2.5}}{\sqrt{0.025 \times \dfrac{15+25}{0.2} + 2.1}} \approx 2.63 \text{m/s}$$

流量为

$$Q_V = V \frac{\pi d^2}{4} = 2.63 \times \frac{\pi \times 0.2^2}{4} \approx 0.08 \text{m}^3/\text{s}$$

取 $1-1$ 断面至 $C-C$ 断面列伯努利方程

$$H_1 + \frac{V_1^2}{2g} + \frac{p_1}{\rho g} = H_C + \frac{V_C^2}{2g} + \frac{p_C}{\rho g} + \sum h_w$$

其中，$p_1 = 0$，$V_1 = 0$，$H_C - H_1 = h_s$，化简得

$$h_s + \frac{V_C^2}{2g} + \frac{p_C}{\rho g} + \sum h_w = 0$$

其中 $\sum h_w = \lambda \dfrac{l_{AC}}{d} + \sum \zeta = \lambda \dfrac{l_{AC}}{d} + \zeta_e + \zeta_b = 0.025 \times \dfrac{15}{0.2} + 0.5 + 0.2 = 2.575$

代入 $\dfrac{p_C}{\rho g} = -7 \text{mH}_2\text{O}$，$V_C = 2.63 \text{m/s}$ 得

$$h_s = -\frac{p_C}{\rho g} - \left(\sum h_w + \frac{V_C^2}{2g} \right) = 7 - (2.575 + 1) \times \frac{2.63^2}{2 \times 9.8} = 5.74 \text{m}$$

5.5　长管水力计算

长管计算中，首先介绍简单管路概念，简单管道计算是长管计算的基础。

5.5.1　简单管路

简单管路指具有相同管径 d，相同流量 Q_V 的管段。简单管路是组成后续复杂管路的基本单元。简单管路的流动损失为

$$h_f = \lambda \frac{l}{d} \frac{V^2}{2g} = \frac{8\lambda}{g\pi^2 d^5} l Q_V^2 \tag{5-20}$$

定义比阻 $S_0 = \dfrac{8\lambda}{g\pi^2 d^5}$，单位是 s^2/m^6；提供压头为 H，单位是 m，则有

$$H = h_f = S_0 l Q_V^2 \tag{5-21}$$

式（5-21）为简单管路按比阻计算流动损失的基本公式。为了简便，通常令 $S_H = S_0 l$，S_H 可简写为 S，即用水头损失表示的管路阻抗。利用比阻可专门编制计算表，工程上可以查表直接进行流动损失的计算。长管其实是一种有压管道的简化计算模型，长管不计局部水头损失，使得管路的水力计算大为简化。

式（5-21）也表明：长管的全部作用水头都用于沿程水头损失，总水头线是沿程下降的，并与测压水头线重合。当提供压头 H 或压力 P 时，克服简单管路的

流动损失，管路就可保持流动。

5.5.2　串联管路

串联管路是由简单管路首尾相接组合而成的管路，简单管路的连接处被称为节点，串联管路如图 5-9 所示。

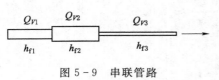

图 5-9　串联管路

根据质量守恒原理，每一节点处流入与流出的质量流量相等。在流体密度 ρ 的变化可以忽略不计的前提下，节点处流入的体积流量和流出的体积流量相等。因此，对于串联管路，串联的各简单管路体积流量相等，即

$$Q_{V1} = Q_{V2} = Q_{V3} \tag{5-22}$$

串联管路总阻力为串联的各简单管路阻力的代数和，即

$$h_{f1-3} = h_{f1} + h_{f2} + h_{f3} \tag{5-23}$$

联立式（5-22）、式（5-23）和 $h_f = SQ_V^2$ 可得

$$S = S_1 + S_2 + S_3 \tag{5-24}$$

结论：串联管路各段流量相等，总阻力和总阻抗为各段叠加。

【例题 5-4】　密闭容器经两段串联管道输水，如图 5-10 所示，已知压力表读值 $p_M = 0.1\text{Mpa}$，水头 $H = 2\text{m}$，管长 $l_1 = 10\text{m}$，$l_2 = 20\text{m}$，直径 $d_1 = 100\text{mm}$，$d_2 = 200\text{m}$，沿程阻力系数 $\lambda_1 = \lambda_2 = 0.03$。试求流量。

解：可将本题看成简单长管串联的水力计算，不计流速水头和局部水头损失。则作用水头为

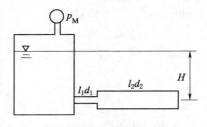

图 5-10　密闭容器输水

$$H' = H + \frac{p_M}{\rho g} = 2 + \frac{100000}{9800} \approx 12.2\text{m}$$

$$S_1 = \frac{8\lambda l_1}{g\pi^2 d_1^5} = \frac{8 \times 0.03 \times 10}{9.8 \times \pi^2 \times 0.1^5} = 2484\text{s}^2/\text{m}^5$$

$$S_2 = \frac{8\lambda l_2}{g\pi^2 d_2^5} = \frac{8 \times 0.03 \times 20}{9.8 \times \pi^2 \times 0.2^5} = 155\text{s}^2/\text{m}^5$$

$$H' = S_1 Q^2 + S_2 Q^2 = (S_1 + S_2)Q^2$$

$$Q_V = \sqrt{\frac{H'}{S_1 + S_2}} = \sqrt{\frac{12.2}{2484 + 155}} = 68\text{L/s}$$

5.5.3　并联管路

流体从总管 a 点分出两根或两根以上简单管路，而后这些管路又在 b 点汇集到一起的复杂管路被称为并联管路，如图 5-11 所示。

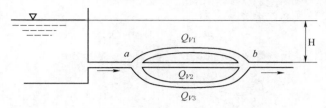

图 5-11 并联管路

与串联管路相同，并联管路在节点处同样遵从质量守恒定律。节点处流入的体积流量和流出的体积流量相等。即

$$Q_{V1} + Q_{V2} + Q_{V3} = Q \tag{5-25}$$

干管上 a、b 两节点位置确定后，从能量平衡的角度来看，流体无论通过哪一条路径从 a 点流到 b 点，其压头损失都是相同的，即

$$h_{f1} = h_{f2} = h_{f3} = h_{f1-3} \tag{5-26}$$

联立式（5-25）、式（5-26）和 $h_f = SQ_V^2$ 可得

$$\frac{1}{\sqrt{S_{1-3}}} = \frac{1}{\sqrt{S_1}} + \frac{1}{\sqrt{S_2}} + \frac{1}{\sqrt{S_3}} \tag{5-27}$$

总结并联管路计算原则：并联节点上各支管流量和为零；流经不同并联支管，阻力损失相等；总阻抗平方根倒数等于各支管阻抗平方根倒数之和。

此外，并联管路各支路间流量分配满足

$$Q_{V1} : Q_{V2} : Q_{V3} = \frac{1}{\sqrt{S_1}} : \frac{1}{\sqrt{S_2}} : \frac{1}{\sqrt{S_3}} \tag{5-28}$$

式（5-28）表明，并联各支管中，阻抗大的支路流量就小，阻抗小的支路流量就大。对于并联管路而言，确保各分支管路阻抗和流量大致相等，是暖通、空调、水力计算领域中重要的设计原则和目标。

【例 5-5】 某并联管路如图 5-12 所示，由 A 点分出三条分支管路，又在 B 点汇合，已知干管流量 $Q_V = 0.28 \text{m}^3/\text{s}$，$l_1 = 500\text{m}$，$l_2 = 800\text{m}$，$l_3 = 1000\text{m}$，$d_1 = 300\text{mm}$，$d_2 = 250\text{mm}$，$d_3 = 200\text{mm}$，$\lambda_1 = \lambda_2 = \lambda_3 = 0.03$，当管道为铸铁管时，试求并联管路中每一分支管路的流量及水头损失。

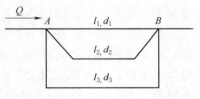

图 5-12 某并联管路

解：计算分支 1 管路的比阻

$$S_1 = \frac{8\lambda_1}{g\pi^2 d_1^5} = \frac{8 \times 0.03}{9.8 \times 3.14^2 \times 0.3^5} \approx 1.022 \text{s}^2/\text{m}^6$$

同理，计算可得 $S_2 = 2.543 \text{s}^2/\text{m}^6$，$S_3 = 7.762 \text{s}^2/\text{m}^6$

并联管路各支路间流量分配满足

$$Q_{V1} : Q_{V2} : Q_{V3} = \frac{1}{\sqrt{S_1}} : \frac{1}{\sqrt{S_2}} : \frac{1}{\sqrt{S_3}}$$

代入比阻数值，得 $Q_{V1} = 2.756 Q_{V3}$ $\quad$ $Q_{V2} = 1.747 Q_{V3}$

联立并联管路节点处关系式，即

$$Q = Q_{V1} + Q_{V2} + Q_{V3}$$

可得 $Q_{V1} = 0.1402 \mathrm{m^3/s}$　$Q_{V2} = 0.0889 \mathrm{m^3/s}$　$Q_{V3} = 0.0509 \mathrm{m^3/s}$

$$h_{fAB} = h_{f1} = h_{f2} = h_{f3} = S_3 l_3 Q_{V3}^2 = 7.762 \times 1000 \times 0.0509^2 = 20.11 \mathrm{m}$$

5.5.4　枝状和环状管网

由简单管路、并联管路、串联管路组合而成的网络称为管网。常用管网形式有枝状管网和环状管网两种，如图 5-13 所示。

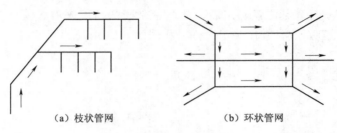

(a) 枝状管网　　　　　　　(b) 环状管网

图 5-13　常用管网形式

（1）枝状管网：由某点分开后不再汇合，由多段不同的管道串联成干管，干管上又分叉出若干支管。枝状管网应按最不利点设计干管，干管各段的流量由支管流量计算得出，在管径由经济流速确定的情况下，可以决定所需作用水头。此后的支管设计就成为利用已知水头和流量求管径的问题。

（2）环状管网：由多段管路连接成闭合状的复杂管路系统。工程上一般采用迭代法确定环状管网各管段的流量分配，先给出流量分配初值，由经济流速确定管径，计算各闭合环路水头损失代数和，根据各闭合环代数和的值，推求校正流量，重新进行流量分配，继续迭代过程，直至满足要求。

在实际工程中，枝状管网更为常见。从运行可靠性角度分析，管网某点破损后，枝状管网在断点之后的供应均会受到影响，环状管网则可迅速调节阀门，改变流体输运路径，保证管网大部正常供应。从水力计算角度，环状管网较枝状管网更为复杂，下面仅给出枝状管网水力计算例子。

环状管网

【**例 5-6**】　某枝状管网如图 5-14 所示，水力系统从水塔 0 处，送水到各处。0-1 为干管，各分支节点所需的供水量如图 5-14 所示，单位为 $\mathrm{m^3/s}$。各管段长度见表 5-2。各点地形标高相同，要求满足点 4 和点 7 处，自由水头均为 12m，试求各段管径、水头损失和水塔高度。（补充说明：在管径和流速均未知的情况下，$Q = \dfrac{\pi d^2}{4} V$ 无定解，有一系列彼此对应的管径和流速组合可以满足管段流量要求。在工程上需要假定管

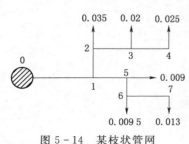

图 5-14　某枝状管网

径或者假定流速，然后再不断校核优化。）

解：点 4 流量需求为 $0.025\text{m}^3/\text{s}$，因此 3-4 管段流量为 $0.025\text{m}^3/\text{s}$。采用假定流速方法，假定 3-4 管段流速为经济流速 $V_e=1\text{m/s}$，则其管径为

$$d_e = \sqrt{\frac{4Q}{\pi V_e}} = \sqrt{\frac{4 \times 0.025}{\pi \times 1}} \approx 0.178\text{m}$$

实际工程中的管道尺寸多为制式尺寸，参照设计规范，选取与 178mm 相近的制式管径尺寸，取 $d=200\text{mm}$，则管中流速为

$$V = \frac{4Q}{\pi d^2} = \frac{4 \times 0.025}{\pi \times 0.2^2} \approx 0.8\text{m/s}$$

$$Re = \frac{Vd}{\nu} = \frac{0.8 \times 0.2}{1 \times 10^{-6}} = 1.6 \times 10^5$$

查表 4-3 可知旧铸铁管的当量粗糙度为 1.5mm，$\dfrac{k_s}{d} = \dfrac{1.5}{200} = 0.0075$

在雷诺数 Re 和相对当量粗糙度已知的情况下，查莫迪图或通过公式计算，可得沿程损失系数 $\lambda = 0.036$

则比阻

$$S_0 = \frac{8\lambda}{g\pi^2 d^5} = \frac{8 \times 0.036}{9.8 \times 3.14^2 \times 0.2^5} = 9.36\text{s}^2/\text{m}^6$$

水头损失

$$h_{f3-4} = S_0 l Q^2 = 9.36 \times 350 \times 0.025^2 \approx 2.05\text{m}$$

同理，针对计算其他管段进行计算，将计算结果填入表 5-2 中。

表 5-2 各 管 段 长 度

管号	已 知 数 值		计 算 所 得 数 值			
	管段长度 /m	管段中的流量 /(m²/s)	管道直径 /mm	流速 /(m/s)	比阻 /(s²/m⁶)	水头损失 /m
3-4	350	0.025	200	0.8	9.36	2.05
2-3	350	0.045	250	0.92	2.8	1.98
1-2	200	0.080	300	1.13	1.04	1.33
6-7	500	0.013	150	0.74	43.43	3.67
5-6	200	0.0225	200	0.72	9.5	0.96
1-5	300	0.0315	250	0.64	2.97	0.88
0-1	400	0.1115	350	1.16	0.46	2.29

水塔到用水点 4 的沿程水头损失为

$$\sum h_{f4-3-2-1-0} = 2.05 + 1.98 + 1.33 + 2.29 = 7.65\text{m}$$

水击现象

本章小结

思考题解答

计算题解答

水塔到用水点 7 的沿程水头损失为

$$\sum h_{f7-6-5-1-0}=3.67+0.96+0.88+2.29=7.8\text{m}$$

点 4 和点 7 处要求自由水头高为 12m，以上两条线路的沿程损失取 8m，则水塔高度需 $12+8=20$m。

【思考题】

1. 同一水头作用下，出流直径相同的管嘴与孔口，为什么管嘴出流流量大于孔口出流流量？

2. 两根完全相同的长管道，只是安装高度不同，两根管道的流量关系式是怎样的？

3. 管嘴出流在管嘴内壁产生真空的原因和条件是什么？

4. 串联管道和并联管道流量和总阻力分布有何不同？

5. 已建成的流体输配网络，其管路阻抗在什么情况下会发生改变？

【计算题】

1. 如图 5-15 所示一密闭水箱，箱壁上连接一圆柱形外管嘴。已知液面压强 $p_0=14.7$kPa，管嘴内径 $d=50$mm，管嘴中心线到液面的高度 $H=1.5$m，管嘴流量系数 $\mu=0.82$，试求管嘴出流量 Q。

2. 利用水箱 A 中水的流动来吸出水槽 B 中的水，水箱及管道各部分的截面积及速度如图 5-16 所示。试求①使最小截面处压强低于大气压的条件；②从水槽 B 中把水吸出的条件。（在此假定 $A_e \ll A_0$，$A_a \ll A_0$，与水箱 A 中流出的流量相比，从 B 中吸出的流量为小量。）

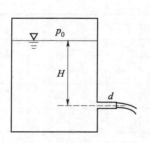

图 5-15　计算题 1 配图

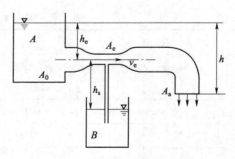

图 5-16　计算题 2 配图

3. 如图 5-17 所示，在水箱侧壁同一铅垂线上开了上下两个小孔，若两股射流在 o 点相交，试证明 $h_1 z_1 = h_2 z_2$。

4. 如图 5-18 所示，某盛满水的容器用两节崭新的低碳钢连通，测得 $d_1=20$cm，$L_1=30$m，$d_2=30$cm，$L_2=90$m，管道与水相连接均为直角连接，管 2 上阀门的损失系数 $\zeta=3.5$，当管道流量 $Q=0.2$m³/s 时，试求此时的水头 H。

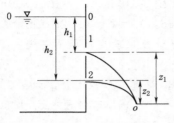

图 5-17 计算题 3 配图

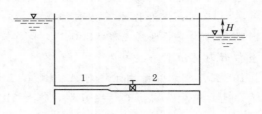

图 5-18 计算题 4 配图

5. 如图 5-19 所示，两水池水位恒定，已知管道直径 $D=100\text{mm}$，管长 $l=20\text{m}$，沿程阻力系数 $\lambda=0.042$，弯管和阀门的局部损失系数 $\zeta_1=0.8$，$\zeta_2=0.26$，通过流量 $Q=65\text{L/s}$，试求两水池水面高度差 H。

6. 如图 5-20 所示，水车由一直径 $d=150\text{mm}$，长 $l=80\text{m}$ 的管道供水，该管道中有两个闸阀和 4 个 90°弯头（$\lambda=0.03$，闸阀全开 $\zeta_a=0.12$，弯头 $\zeta_b=0.48$）。已知水车的有效容积 V 为 25m^3，水塔水头 $H=18\text{m}$，试求水车充满水所需的最短时间。

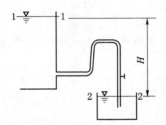

图 5-19 计算题 5 配图

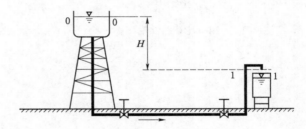

图 5-20 计算题 6 配图

7. 自水池中引出一根具有三段不同直径的水管，如图 5-21 所示，已知直径 $d=50\text{mm}$，$D=20\text{mm}$，长度 $l=100\text{m}$，水位 $H=12\text{m}$，沿程摩阻系数 $\lambda=0.03$，局部损失系数 $\zeta=5.0$，试求通过水管的流量并绘出总水头线及测压管水头线。

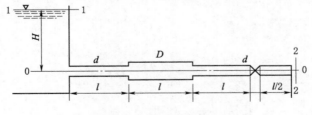

图 5-21 计算题 7 配图

8. 水箱的水经两条串联而成的管路流出，水箱的水位保持恒定。两管的管径分别为 $d_1=0.15\text{m}$，$d_2=0.12\text{m}$，管长 $l_1=l_2=7\text{m}$，沿程损失系数 $\lambda_1=\lambda_2=0.03$，有两种连接方法分别是粗管在前或粗管在后，流量分别为 q_{v1} 和 q_{v2}，不计局部损失，求比值 q_{v1}/q_{v2}。

9. 有两个水位差 $H=24\text{m}$ 的贮水池，中间有如图 5-22 所示的管道系统相连，各段管道的尺寸如下：$L_1 = L_4 = 200\text{m}$，$L_2 = L_3 = 100\text{m}$；$d_1 = d_4 = 200\text{mm}$，$d_2 = d_3 = 100\text{mm}$，沿程水头损失系数 $\lambda_1 = \lambda_4 = 0.015$，$\lambda_2 = \lambda_3 = 0.025$；闸板阀全开时的局部水头损失系数 $\zeta = 5.0$，其他局部损失不计。试确定闸板阀完全关闭和完全打开时的流量各为多少？

10. 工厂供水系统由水塔向 A、B、C 三处供水，管道均为铸铁管，如图 5-23 所示。已知流量分别为 $Q_C = 10\text{L/s}$，$Q_B = 5\text{L/s}$，$Q_A = 10\text{L/s}$，各管段长 $l_1 = 350\text{m}$，$l_2 = 450\text{m}$，$l_3 = 100\text{m}$，各段直径 $d_1 = 200\text{mm}$，$d_2 = 150\text{mm}$，$d_3 = 100\text{mm}$，场地整体水平，试求水塔底部出口压强。

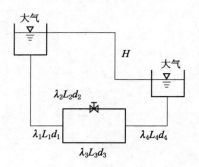

图 5-22　计算题 9 配图

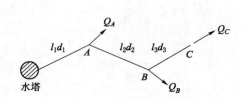

图 5-23　计算题 10 配图

第6章 水利工程中的无压流动

第5章讨论了有压管流，本章讨论另一类流动：水利工程中的无压流动，主要介绍流体流动的基本方程在无压流中的应用。水流的周界部分与大气接触，具有自由表面，自由表面上的相对压强为零，这样的流动称为无压流动。例如水在渠道、江河中的流动都是无压流动。

单元导学

课件

6.1 明 渠 流 动 概 述

明渠流动是指水流的部分周界与大气接触，具有自由表面的流动。明渠是人工修建或自然形成的具有自由表面的渠槽。人工渠道、天然河道以及未被液流所充满的管道都是明渠流。明渠水力学理论研究将为输水、排水、灌溉渠道的设计和运行调节提供科学依据。

灵渠如图 6-1 所示，其古称秦凿渠、零渠、陡河、兴安运河、湘桂运河，是我国古代劳动人民创造的一项伟大工程，位于广西壮族自治区兴安县境内，于公元前214 年凿成通航。灵渠主体工程由铧嘴、大天平、小天平、南渠、北渠、泄水天平、水涵、陡门、堰坝、秦堤、桥梁等部分组成，尽管兴建时间先后不同，但它们互相关联，成为灵渠不可缺少的组成部分。

图 6-1 灵渠

6.1.1 明渠的基本概念和特征

明渠流是重力流动，即无压流，明渠分为人工明渠和天然明渠。灵渠、京杭大运河就是人工明渠，黄河是天然明渠。黄河河南曹岗断面如图 6-2 所示。

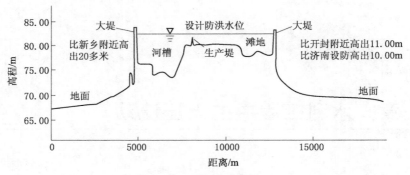

图 6-2 黄河河南曹岗断面

天然河道的横断面呈不规则形状，分主槽和滩地，枯水期水流过主槽，丰水期水流过主槽和滩地，天然河道的横断面如图 6-3 所示。

6.1.1.1 渠道的断面形状

人工明渠渠道的断面形状分为梯形、矩形、圆形、抛物线形等。断面形状根据地质条件来确定，岩石中开凿，条石砌筑，混凝土渠，木渠一般为矩形断面，排水管道或无压隧道一般为圆形断面，土质地基一般为梯形断面。

明渠的横断面以梯形最具代表性，如图 6-4 所示。

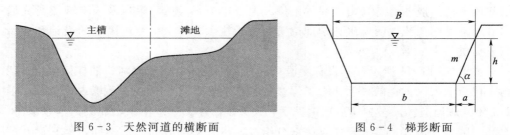

图 6-3 天然河道的横断面   图 6-4 梯形断面

梯形断面的几何要素包括底宽 b，水深 h，边坡系数 m，m 表示边坡的倾斜程度，在梯形中 $m_1 = m_2 = m$。

$$m = \frac{a}{h} = \cot\alpha \qquad (6-1)$$

边坡系数的大小仅取决于边壁材料，常用材质的边坡系数见表 6-1。随着材料强度的增加，边坡系数逐渐减小。参数导出量为

水面宽 $\qquad\qquad\qquad B = b + 2mh$

过流断面面积 $\qquad\qquad A = (b + mh)h$

湿周 $\qquad\qquad\qquad \chi = b + 2h\sqrt{1+m^2}$

水力半径 $\qquad\qquad R = \frac{A}{\chi} = \frac{(b+mh)h}{b+2h\sqrt{1+m^2}}$

注意：由水力半径的表达式可知，若 A 一定，R 大，则 χ 小，说明渠道边界对水流的约束小，渠道的输水能力大；反之，R 越小，输水能力越小。R 是反映断面形状和尺寸对水流运动影响的一个因素。

表 6－1			常 用 材 质 的 边 坡 系 数				
土壤材质	粉砂	细沙	砂壤土	黏砂壤土	砌石	风化的岩石	未风化的岩石
边坡系数	3.0～5.3	2.5～3.5	2.0～2.5	1.5～2.0	1.25～1.5	0.25～0.5	0.00～0.05

6.1.1.2　棱柱形渠道和非棱柱形渠道

根据断面形式沿程变化，明渠可分为为棱柱形渠道和非棱柱形渠道。棱柱形渠道断面形状、尺寸沿程不变，其底宽 b、边坡 m 沿程不变，即 $A=f(h)$；非棱柱形渠道断面形状、尺寸沿程有变化，即 $A=f(h,S)$。棱柱形渠道和非棱柱形渠道如图 6－5 所示。

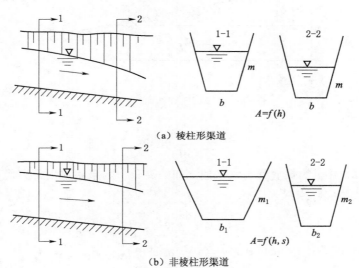

图 6－5　棱柱形渠道和非棱柱形渠道

在渠道的不同位置，沿程形式还可能发生变化，如图 6－6 所示。

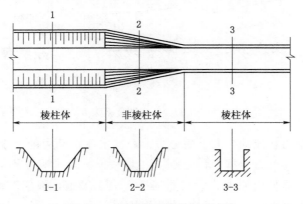

图 6－6　渠道断面形状沿程变化

6.1.1.3　底坡

沿渠道中心线做垂直面叫纵剖面，与水面的交线称为水面线（测压管水头线），沿渠道中心线作垂直面与渠底的交线称为底坡线（渠底线、河底线、底线），水面线和底坡线示意图如图 6-7 所示。以 i 表示底坡，代表底线沿流程单位长度的降低值。

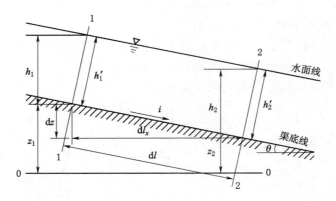

图 6-7　底坡线和水面线示意图

$$i = -\frac{dz}{dl} = \sin\theta \qquad (6-2)$$

式 (6-2) 中 θ 为渠底线与水平线之间的夹角。如果用水平距离代替实际距离，用垂直水深代替实际水深，则有

$$i = -\frac{dz}{dl_x} = \tan\theta \qquad (6-3)$$

通常情况下 $i \leqslant 0.01$，工程中为计算方便可以认为 $\sin\theta \approx \tan\theta$。

当 $dz < 0$ 时，$i > 0$，是正坡或顺坡，渠底下降；当 $dz = 0$ 时，$i = 0$，是平坡，渠底水平；当 $dz > 0$ 时，$i < 0$，是负坡或逆坡，渠底上升。底坡类型如图 6-8 所示。

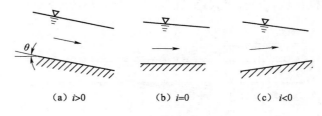

（a）$i > 0$　　　　　（b）$i = 0$　　　　　（c）$i < 0$

图 6-8　底坡类型

底坡反映了重力在流动方向上的分力，表征水流推动力的大小，水流推动力越大，重力沿水流方向的分力越大，流速越快。

结论： 明渠根据形成原因分为天然河道和人工渠道，根据断面形状分为梯形、矩形、圆形等，根据断面形式沿程变化分为棱柱形渠道和非棱柱形渠道，根据渠道底坡分为平坡渠道、顺坡渠道、逆坡渠道。

⅄思考——明渠流与管流有何不同？

明渠流具有自由表面，管流无自由表面；明渠流重力驱动，管流有压驱动；明渠局部边界变化影响大，管流局部影响区域较小；明渠底坡影响水深，管流坡度不影响水深和断面。

6.1.1.4　允许流速

为保证渠道能长期稳定通水，设计流速应控制在不冲刷渠床，也不使水中悬浮的泥沙沉降淤积的不冲不淤范围之内，即

$$V_{\min} < V < V_{\max} \tag{6-4}$$

式中　$V_{\max}$——渠道的最大允许流速，又称为不冲流速；

　　　$V_{\min}$——渠道的最小允许流速，又称为不淤流速。

最大允许流速取决于渠道土壤或人工加固材料的性质及其抵抗冲刷的能力。明渠最大允许流速见表 6-2。

表 6-2　　　　　　　　　　明 渠 最 大 允 许 流 速

序号	明渠类别	最大允许流速 $V_{\max}$/(m/s)	序号	明渠类别	最大允许流速 $V_{\max}$/(m/s)
1	粗砂或低塑性粉质黏土	0.8	5	干砌块石	2.0
2	粉质黏土	1.0	6	石灰岩或中砂岩	3.0
3	黏土	1.2	7	石灰岩或中砂岩	4.0
4	草皮护面	1.6	8	混凝土	4.0

最小允许流速取决于悬浮泥沙的性质。污水管道的最小允许流速在设计充满度下为 0.6m/s，雨水管道和合流管道的最小允许流速在满流时为 0.75m/s，明渠为 0.4m/s。河渠中的流速还需要考虑运行管理的要求，如航运要求等。

6.2　明 渠 均 匀 流

明渠均匀流同时具有均匀流和重力流的特征，其流线是相互平行的直线，所有液体质点都沿着相同的方向做匀速直线运动，在水流方向上所受到的合外力为零。

6.2.1　明渠均匀流形成的条件及特征

思考——在明渠中均匀流的形成条件是什么？

流动恒定，流量沿程不变；渠道是长直的棱柱形顺坡渠道；渠道表面粗糙系数沿程不变；沿程没有建筑物的局部干扰。

实际渠道中总有各种建筑物的干扰，因此多数明渠流是非均匀流。实际流动的处理采用以下方法：顺直河段按均匀流做近似计算；人工非棱柱形渠道采用分段计算，各段按均匀流考虑。

明渠均匀流如图 6-9 所示，列断面 1-1 和断面 2-2 的伯努利方程，可以得到 $z_1 - z_2 = \Delta z = h_f$，除以流程可以得到 $J = i$。明渠均匀流是等深流，水面线（以 J_p 表示）即测压管水头线与渠底平行，坡度相等，因此 $J = J_p$，综合可得

$$J = J_p = i \tag{6-5}$$

结论：明渠均匀流的主要特性为

（1）明渠均匀流的渠底线、水面线和总水头线互相平行，$i=J_p=J$，速度、动能修正系数、速度水头沿程不变，底线、水面线和总水头线如图 6-10 所示。

（2）动能沿程不变，势能沿程减少，水面沿程下降，其降落值等于水头损失。

（3）重力沿流向的分力与阻力相平衡。

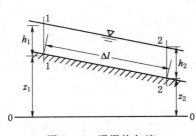

图 6-9　明渠均匀流

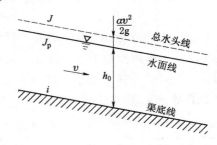

图 6-10　底线、水面线和总水头线

6.2.2　明渠均匀流的基本公式

明渠均匀流

根据达西公式 $h_f=\lambda\dfrac{l}{d}\dfrac{V^2}{2g}$，可得

$$V^2=\frac{2g}{\lambda}d\frac{h_f}{l} \tag{6-6}$$

将 $J=\dfrac{h_f}{l}$，圆管满流时 $d=d_H=4R$ 代入式（6-6），可得谢才公式

$$V=\sqrt{\frac{8g}{\lambda}}\sqrt{RJ}=C\sqrt{RJ} \tag{6-7}$$

式中　C——谢才系数，$C=\sqrt{\dfrac{8g}{\lambda}}$。

借鉴式（6-7），引入明渠均匀流的水力计算，可得

$$V=C\sqrt{RJ}=C\sqrt{Ri} \tag{6-8}$$

$$Q=VA=AC\sqrt{RJ}=K\sqrt{J} \tag{6-9}$$

式中　V——断面平均流速；

　　　　R——断面水力半径，$R=\dfrac{A}{\chi}$；

　　　　J——水力坡度；

　　　　K——流量模数，$K=AC\sqrt{R}$；

　　　　C——谢才系数，可根据曼宁公式计算，$C=\dfrac{1}{n}R^{1/6}$。

曼宁公式中 n 为粗糙系数，是综合反映壁面对水流阻滞作用的系数，取决于相对粗糙度、雷诺数以及水力半径。一般情况下，明渠流动处于平方阻力区，对于一定的壁面粗糙度，R 增大时 λ 会减小，R 和 λ 两者的变化几乎相抵，因此 n 变化不

大，常用管道粗糙系数见表6-3。

表6-3   常 用 管 道 粗 糙 系 数

管 道 类 别	n	管 道 类 别	n
陶土管	0.013	浆砌砖渠道	0.015
混凝土管和钢筋混凝土管	0.013～0.014	浆砌块石渠道	0.017
水泥砂浆抹面渠道	0.013～0.014	干砌块石渠道	0.02～0.025
铸铁管	0.013	土明渠（包括带皮草）	0.025～0.03
钢管	0.012	木槽	0.012～0.014

【例6-1】 梯形断面土渠，底宽$b=3m$，边坡系数$m=2$，粗糙系数$n=0.025$，水深$h=1.2m$，底坡$i=0.0002$，试求通过的流量。

解： $A = h(b + hm) = 1.2 \times (3 + 1.2 \times 2) = 6.48 \text{m}^2$

$$\chi = b + 2h\sqrt{1+m^2} = 3 + 2 \times 1.2 \times \sqrt{5} \approx 8.37\text{m}$$

$$R = \frac{A}{\chi} = 0.77\text{m}$$

$$C = \frac{1}{n}R^{1/6} = \frac{0.77^{1/6}}{0.025} \approx 38.29$$

$$V = C\sqrt{Ri} = 38.29 \times \sqrt{0.77 \times 0.0002} \approx 0.48\text{m/s}$$

$$Q = VA = 0.48 \times 6.48 = 3.11\text{m}^3/\text{s}$$

$$V_{\min} < V < V_{\max}$$

符合要求，通过流量$Q=3.11\text{m}^3/\text{s}$。

↘思考——出现粗糙系数不同或边坡系数不同的梯形断面如何处理？

（1）边坡系数不同的梯形断面如图6-11所示。

$$B = b(m_1 + m_2)h$$

$$A = bh + (m_1 + m_2)h^2/2$$

$$\chi = b + h(\sqrt{1+m_1^2} + \sqrt{1+m_2^2})$$

（2）粗糙系数不同的梯形断面如图6-12所示，采用综合粗糙系数n_e表示不同粗糙程度。

$$n_e = \begin{cases} \dfrac{\sum n_i \chi_i}{\sum \chi_i}, & \dfrac{n_{\max}}{n_{\min}} < 1.5 \\[4mm] \left(\dfrac{\sum n_i^{1.5} \chi_i}{\sum \chi_i}\right)^{\frac{2}{3}}, & \dfrac{n_{\max}}{n_{\min}} > 1.5 \end{cases}$$

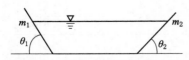

图6-11　边坡系数不同的梯形断面

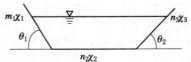

图6-12　粗糙系数不同的梯形断面

6.2.3　中小型渠道中的优化设计

流量表达式为

$$Q = CA \sqrt{Ri} = \frac{1}{n} \frac{A^{5/3} i^{1/2}}{\chi^{2/3}}$$

式中　i——底坡，随地形条件而定，无量纲；

　　　n——粗糙系数，取决于壁面材料。

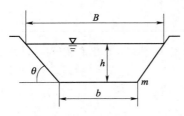

图 6-13　等边坡系数梯形渠道

在这种情况下输水能力 Q 取决于过流断面的大小和形状。因此当 i、n、A 一定时，χ 越小，Q 越大，输水能力越强；当 i、n、Q 一定时，χ 越小，A 越小，工程量越小。符合上述两种条件的断面，将通过流量 Q 最大的断面形状或者湿周 χ 最小的断面形状，定义为水力最优断面。等边坡系数梯形渠道如图 6-13 所示。

设宽深比 $\beta = \dfrac{b}{h}$，$A = (b+mh)h$，$\chi = b + 2h\sqrt{1+m^2}$，可得

$$\chi = \frac{A}{h} - mh + 2h\sqrt{1+m^2}$$

$$\frac{\mathrm{d}\chi}{\mathrm{d}h} = -\frac{A}{h^2} - m + 2\sqrt{1+m^2} = 0$$

解得：$\beta_h = \left(\dfrac{b}{h}\right)_h = 2(\sqrt{1+m^2} - m)$

β_h 是水力最优梯形断面的宽深比，仅是边坡系数 m 的函数。

水力半径为

$$R = \frac{A}{\chi} = \frac{(b+mh)h}{b + 2h\sqrt{1+m^2}} = \frac{[2(\sqrt{1+m^2}-m)h + mh]h}{2(\sqrt{1+m^2}-m)h + 2h\sqrt{1+m^2}} = \frac{h}{2}$$

由此可见，梯形水力最优断面的水力半径 R 是水深 h 的一半，且与边坡系数 m 无关。对矩形断面有 $m=0$，$\beta_h = 2$，说明矩形水力最优断面底宽 b 是水深 h 的两倍。

注意：水力最优断面不等于技术经济最佳。

一般土渠边坡 $m>0$，$\beta_h < 1$，是深窄形断面，需深挖高填，造成施工不便、维护管理困难；水深变化大，给通航和灌溉带来不便，经济上反而不利。因此，限制了水力最佳断面在实际中的应用。梯形实用经济断面 β 值见表 6-4。

表 6-4　　　　　　　　　　　梯形实用经济断面 β 值

流量 $Q/(\mathrm{m}^3/\mathrm{s})$	<5	5~10	10~30	30~60
宽深比 $\beta = b/h$	1~3	3~5	5~7	6~10

结论：

（1）明渠水力最优断面渠道的水力半径 R 等于水深的 h 一半。

（2）明渠水力最优断面渠道并不一定是技术经济最优渠道。

（3）明渠水力最优断面渠道一般适用于中小型渠道设计。

6.2.4　明渠均匀流的水力计算

在均匀流中，水深 h 沿程不变，称为正常水深，以 h_0 表示。梯形断面明渠均匀流的水力计算主要有三类基本问题。

1. 验证渠道的输水能力

已知渠道断面形状、尺寸、粗糙系数 n 及底坡 i，求渠道的输水能力 Q。b、h_0、m 确定，n、i 已知，从而可以计算出 A、R、C；进一步计算出 $Q = AC\sqrt{Ri} = f(m, b, h_0, n, i)$。这一类问题大多属于对已建成渠道进行过水能力的校核，有时还可用于根据洪水水位来近似估算洪峰流量。

【例 6－2】　某一梯形断面渠道，已知 $b = 2\text{m}$，$i = 0.001$，$m = 2.5$，$n = 0.025$，当正常水深 $h_0 = 0.5\text{m}$ 时，问通过流量 Q 能否达到 $1.0\text{m}^3/\text{s}$。

解：
$$A = (b + mh_0)h_0 = 1.625\text{m}^2$$

$$R = \frac{A}{b + 2h\sqrt{1 + m^2}} = 0.346\text{m}$$

$$Q = VA = AC\sqrt{RJ} = A\frac{1}{n}R^{1/6}\sqrt{RJ} = 1.01\text{m}^3/\text{s}$$

故可以通过 $1.01\text{m}^3/\text{s}$ 的流量。

2. 确定渠道底坡

渠道设计中，对流速有限制的渠道，b，h_0，m 确定，n，Q 已知，需要计算出 K，得到 $i = \dfrac{Q^2}{K^2}$。由于 $i = f(m, b, h_0, n, Q)$，需要应用公式 $K = AC\sqrt{R}$，$i = \dfrac{Q^2}{K^2}$。

3. 设计渠道断面尺寸

已知 Q，i，选择 m 和 n，求渠道断面尺寸 b 和 h_0。

（1）按需要选定正常水深 h_0，假定底宽 b。求流量模数曲线 $K = f(b)$，确定 $K_0 = Q/\sqrt{i}$，再求 b。$K = f(b)$ 曲线如图 6－14 所示。

（2）按工程需要选定底宽 b，假定正常水深为 h_0。求流量模数曲线 $K = f(h_0)$，确定 $K_0 = Q/\sqrt{i}$，再求 h。$K = f(h)$ 曲线如图 6－15 所示。

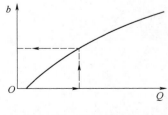
图 6－14　$K = f(b)$ 曲线

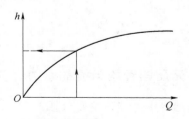
图 6－15　$K = f(h)$ 曲线

（3）按流量大小选定宽深比 β，小型渠道可按水力最优断面；大型渠道按 $\beta=3\sim5$。

（4）按允许流速设计底宽 b 和正常水深 h_0。

6.3　无压圆管均匀流

无压管道是指不满流的长管道，如污水管道、雨水管道、无压长涵管等。考虑水力最优条件，无压管道通常采用圆形断面，在流量较大时也可采用非圆断面形式。

6.3.1　无压圆管均匀流的特征

直径不变的长直无压圆管，其水流状态与明渠均匀流相同，它的水力坡度、测压管坡度以及渠道底坡三者相等，即

$$J = J_p = i$$

$$Q = AC\sqrt{Ri} = K\sqrt{i}$$

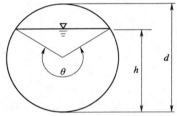

图 6-16　无压圆管过流断面

此外无压圆管均匀流还具有一个特点，即流速和流量分别在水流为满流之前，达到其最大值。无压圆管过流断面如图 6-16 所示，无压圆管均匀流过流断面的水力要素主要有：

（1）直径（d）。

（2）水深（h）。

（3）充满度（α）：$\alpha = \dfrac{h}{d}$，$\alpha=1$ 时充满，$\alpha<1$ 时非充满。

（4）充满角（θ）：水深 h 对应的圆心角为

$$\alpha = \sin^2\frac{\theta}{4} \tag{6-10}$$

导出量有

$$\begin{cases} A = \dfrac{d^2}{8}(\theta - \sin\theta) \\[2mm] \chi = \dfrac{d}{2}\theta \\[2mm] R = \dfrac{d}{4}\left(1 - \dfrac{\sin\theta}{\theta}\right) \end{cases} \tag{6-11}$$

6.3.2　无压圆管均匀流的水力计算

无压圆管水力计算主要包括：

（1）验算无压管道的输水能力。即已知管径 d、充满度 α、管道坡度 i、管壁粗

糙系数 n，求流量 Q。

（2）确定无压管道坡度 i，即已知管径 d、充满度 α、流量 Q、管壁粗糙系数 n，求管道坡度 i。这类计算在工程上有应用价值，如排水管或下水道为避免沉积淤塞，要求有一定的"自清"速度，就必须要求有一定的坡度。

（3）确定充满度 α。即已知管径 d、流量 Q、管道坡度 i、管壁粗糙系数 n，求充满度 α（即求水深 h）。

（4）计算管道半径。即已知流量 Q、充满度 α、管道坡度 i、管壁粗糙系数 n，求管径 d。

【例6-3】 已知钢筋混凝土圆形排水管直径 $d=1.0\text{m}$，粗糙系数 $n=0.014$，充满度 $\alpha=0.75$，底坡 $i=0.002$，试校核此管道的流量。

解： 由 $\alpha=\sin^2\dfrac{\theta}{4}$，$\alpha=0.75$，解得：$\theta=240°=\dfrac{4}{3}\pi$

$$R=\frac{d}{4}\left(1-\frac{\sin\theta}{\theta}\right)=\frac{1}{4}\left(1-\frac{\sin\dfrac{4}{3}\pi}{\dfrac{4}{3}\pi}\right)=0.30\text{m}$$

$$A=\frac{d^2}{8}(\theta-\sin\theta)=\frac{1}{8}\left(\frac{4}{3}\pi-\sin\frac{4}{3}\pi\right)=0.63\text{m}$$

$$C=\frac{1}{n}R^{1/6}=\frac{1}{0.014}\times0.3^{1/6}\approx58.44$$

$$V=C\sqrt{Ri}\approx1.43\text{m/s}$$

$$Q=AQ=AV\approx0.90\text{m}^3/\text{s}$$

6.3.3　输水性能最优充满度

对于直径、粗糙度、底坡一定的无压管道，流量 Q 随水深 h 发生变化，由基本公式

$$Q=AV=AC\sqrt{Ri}=\frac{1}{n}AR^{2/3}i^{1/2}$$

可以得到

$$Q=\frac{1}{n}\frac{A^{5/3}}{\chi^{2/3}}i^{1/2}$$

其中流速 $V=C\sqrt{Ri}$，谢才系数 $C=\dfrac{1}{n}R^{1/6}$，水力半径 $R=\dfrac{A}{\chi}$。

分析过流断面面积 A 和湿周 χ 随水深 h 的变化规律。当 h 很小时，随着 h 的增大水面变宽，过流断面面积 A 增长很快，在接近管轴处增加最快。h 超过半管后，随着 h 的增大水面宽逐渐减小，过流断面面积增势减慢，在达到满流前增加最慢。而湿周 χ 随 h 的增大在接近管轴处增加最慢，在达到满流前增加最快。由此可知，输水能力达到最大值时相应的充满度称为输水性能最优充满度。

将几何关系 $\chi = \dfrac{d}{2}\theta$，$A = \dfrac{d^2}{8}(\theta - \sin\theta)$ 代入流量计算公式，得

$$Q = \frac{1}{n}i^{1/2}\frac{\left[\dfrac{d^2}{8}(\theta - \sin\theta)\right]^{5/3}}{\left(\dfrac{d}{2}\theta\right)^{2/3}}$$

求导，并令 $\dfrac{\mathrm{d}Q}{\mathrm{d}\theta} = 0$ 解得水力最优充满角 $\theta_h = 308°$。

水力最优充满度 $\alpha_h = \sin^2\dfrac{\theta_h}{4} = 0.95$

流速最大的充满角和充满度计算依据为

$$V = \frac{1}{n}R^{2/3}i^{1/2} = \frac{1}{n}i^{1/2}\left[\frac{d^2}{4}\left(1 - \frac{\sin\theta}{\theta}\right)\right]^{2/3}$$

由 $\dfrac{\mathrm{d}V}{\mathrm{d}\theta} = 0$ 解得过流速度最大的充满角和充满度，$\theta_h = 257.5°$，$\alpha_h = 0.81$。

注意：水力最优充满度，并不是单纯的设计充满度，实际采用的设计充满度需要根据管道的工作条件以及直径大小来确定。在工程中进行无压管道水力计算，需要符合相关规范规定。为了避免污水管道因流量变动形成有压流，充满度不能过大，污水管最大设计充满度见表 6-5。

表 6-5　　　　　　　最 大 设 计 充 满 度

管径 d 或暗渠高 H/mm	最大设计充满度 α	管径 d 或暗渠 H/mm	最大设计充满度 α
150~300	0.6	500~900	0.75
350~450	0.7	>1000	0.8

6.4　明 渠 流 动 状 态

明渠均匀流是等深、等速的流动，无需研究沿程水深的变化。而明渠非均匀流是不等深、不等速的流动，水深变化与明渠流动状态有关。明渠非均匀流水面线一般为曲线（称为水面曲线），流线已不再是相互平行的直线，同一条流线上各点的流速、大小和方向各不相同，明渠的底坡线、水面线、总水头线彼此互不平行，即 $i \neq J \neq J_p$，明渠非均匀流如图 6-17 所示。

明渠水流有两种流动状态，当底坡较平缓时，障碍物上游水面壅高能逆流上传到较远处，称为缓流；而当底坡较陡时，障碍物

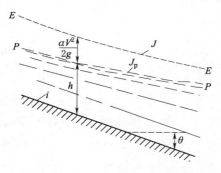

图 6-17　明渠非均匀流

引起的水面壅高仅出现在障碍物附近，对上游无影响，水流一跃而过，称为急流，缓流和急流如图 6-18 所示。

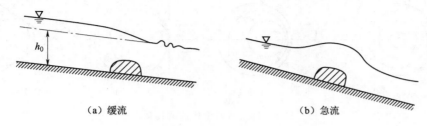

图 6-18 缓流和急流

将处于急流与缓流分界状态的流动现象称为临界流。急流多发生在山区河道、陡槽中，缓流多发生于平原河网、近海河流中。下面从干扰波传播和能量的观点，分析明渠两种流动状态的实质和判别标准。

6.4.1 微幅干扰波波速、弗劳德数

水流遇到障碍物后产生波动（扰动），扰动产生波动的波速被称为微幅干扰波波速，这种微幅干扰波可以向各个方向传播。从运动学的角度分析，缓流受干扰引起的水面波动既能向下游传播，也能向上游传播；急流受干扰引起的水面波动只能向下游传播，无法向上游传播。因此，要正确判断明渠流动状态，必须要先求出微幅干扰波波速。

微幅干扰波波速 c 可表示为

$$c = \pm \sqrt{g \frac{A}{B}} = \pm \sqrt{g \overline{h}} \qquad (6-12)$$

式中，$\overline{h} = \dfrac{A}{B}$ 为断面平均水深，微幅干扰波顺水流方向传播取 "+" 号，逆水流方向传播取 "−" 号。

对于矩形断面 $A = bh$，则有

$$c = \pm \sqrt{g \overline{h}} \qquad (6-13)$$

若水流的速度为 V，则微幅干扰波的绝对速度为

$$c' = c + V = \pm \sqrt{g \overline{h}} + V \qquad (6-14)$$

由式（6-14）可知，当明渠水流速度 V 小于微幅干扰波波速 c 时，干扰波的绝对速度 c' 有正、负值，说明干扰波既能向下游传播，也能向上游传播。当明渠水流速度 V 大于微幅干扰波波速 c 时，干扰波的绝对速度 c' 只有正值，说明干扰波只能向下游传播，无法向上游传播。当明渠水流速度 V 等于微幅干扰波波速 c 时，干扰波向上游传播的速度为零，这种流动状态称为临界流动。微幅干扰波的传播如图 6-19 所示。

因此，利用微幅干扰波波速 c 可以判别明渠的流动状态，当 $V < c$ 时，流动为缓流；当 $V > c$ 时，流动为急流；当 $V = c$ 时，流动为临界流，此时的明渠流速被称

为临界流速，以 V_c 表示。

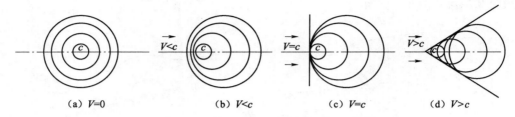

(a) $V=0$　　　　(b) $V<c$　　　　(c) $V=c$　　　　(d) $V>c$

图 6 - 19　微幅干扰波的传播

明渠水流速度 V 与微幅干扰波波速 c 的比值，是以平均水深 $\overline{h}$ 为特征长度的弗劳德数 Fr 表示的，即

$$Fr = \frac{V}{c} = \frac{V}{\sqrt{g\overline{h}}} \qquad (6-15)$$

由式（6 - 15）可知，弗劳德数 Fr 同样可以判别明渠的流动状态，当 $Fr<1$ 时，$V<c$，流动为缓流；当 $Fr>1$ 时，$V>c$，流动为急流；当 $Fr=1$ 时，$V=c$，流动为临界流。

由式（6 - 15）可得

$$Fr^2 = \frac{V^2}{g\overline{h}} = \frac{\dfrac{V^2}{2g}}{\dfrac{\overline{h}}{2}}$$

可见弗劳德数的平方值代表了单位重量流体的动能与平均势能之半的比值。

6.4.2　断面单位能量

明渠水流沿程水深、流速的变化，是水流势能、动能沿程转化的变形，从能量的角度研究明渠流动状态，由此引入断面单位能量的概念。

假设明渠非均匀渐变流动，断面单位能量如图 6 - 20 所示。单位重量流体相对于基准面 0 - 0 的总机械能为 E

$$E = z + \frac{p}{\rho g} + \frac{\alpha V^2}{2g} \qquad (6-16)$$

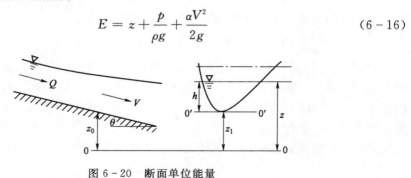

图 6 - 20　断面单位能量

取通过过流断面最低点的水平面 $0'-0'$ 为基准面，则总机械能为

$$E_s = E - z_1 = h + \frac{\alpha V^2}{2g} \tag{6-17}$$

式（6-17）中的 E_s 被称为断面单位能量，又被称为断面比能，是单位重量流体相对于通过该断面最低点的基准面的机械能。单位重量流体的机械能 E 和断面比能 E_s 相差一个渠底高程，断面比能 E_s 与渠底高程无关。而单位重量流体的机械能 E 是相对于沿程同一基准面的机械能，其值必然沿程减少。断面比能 E_s 在顺坡渠道中沿程可能增加，可能减小，在均匀流中沿程不变。当流量一定时，断面比能 E_s 是断面形状、尺寸的函数；当流量和断面形状一定时，断面比能 E_s 是水深的函数，即

$$E_s = h + \frac{\alpha V^2}{2g} = h + \frac{\alpha Q^2}{2gA^2} = f(h) \tag{6-18}$$

以水深 h 为纵坐标，E_s 为横坐标，绘制 $E_s = f(h)$ 曲线，如图 6-21 所示。当 $h \to 0$ 时 $A \to 0$，则 $E_s \to \infty$，曲线以横轴为渐近线；当 $h \to \infty$ 时 $A \to \infty$，则 $E_s \approx h \to \infty$，曲线以通过坐标原点与横轴成 45° 角的直线为渐近线，期间存在极小值 E_{smin}，该点将 $E_s = f(h)$ 曲线分为上下两支。

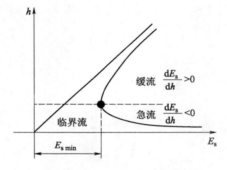

图 6-21　$E_s = f(h)$ 曲线

对式（6-18）求导，可得

$$\frac{dE_s}{dh} = \frac{d}{dh}\left(h + \frac{\alpha Q^2}{2gA^2}\right) = 1 - \frac{\alpha Q^2}{gA^3}\frac{dA}{dh} = 1 - \frac{\alpha Q^2 B}{gA^3} = 1 - \frac{\alpha V^2}{g\bar{h}} = 1 - Fr^2 \tag{6-19}$$

对照前述由弗劳德数 Fr 判别的流动状态，可知：当 $\dfrac{dE_s}{dh} > 0$，$Fr < 1$ 时，流动为缓流；当 $\dfrac{dE_s}{dh} < 0$，$Fr > 1$ 时，流动为急流；当 $\dfrac{dE_s}{dh} = 0$，$Fr = 1$ 时，流动为临界流。

6.4.3　临界水深和临界底坡

当渠道流量一定、断面形状和尺寸确定时，E_s 最小的水深被称为临界水深，以 h_{cr} 表示。由式（6-19）得临界水深时，有

$$\frac{dE_s}{dh} = 1 - \frac{\alpha Q^2 B}{gA^3} = 0$$

得

$$\frac{A_c^3}{B_c} = \frac{\alpha Q^2}{g} \tag{6-20}$$

式中　A_c——临界水深时的过流断面面积；

　　　B_c——临界水深时的水面宽度。

对于矩形断面渠道，水面宽等于底宽，即 $B=b$，代入式（6-20），得

$$h_c = \sqrt[3]{\frac{\alpha Q^2}{g b^2}} = \sqrt[3]{\frac{\alpha q^2}{g}} \qquad (6-21)$$

其中 $q = \dfrac{Q}{b}$，被称为单宽流量。

临界流的流速被称为临界流速，以 V_c 表示。由式（6-20）得

$$V_c = \sqrt{g \frac{A_c}{B_c}} \qquad (6-22)$$

式（6-22）与微波速度式相同，比较渠道中的水深 h 与临界水深 h_c，当 $h > h_c$ 时 $V < V_c$，流动为缓流；当 $h < h_c$ 时 $V > V_c$，流动为急流；当 $h = h_c$ 时 $V = V_c$，流动为临界流。

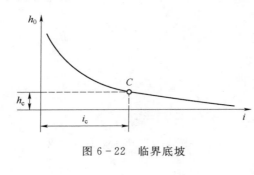

图 6-22　临界底坡

当给定棱柱型渠道和流量，由均匀流公式 $Q = AC\sqrt{Ri} = f(h_0, i)$ 可知 $h_0 = f(i)$。若调整底坡，使正常水深与临界水深相等，即 $h_0 = h_c$，此时的底坡 $i = i_c$，i_c 被称为临界底坡，如图 6-22 所示。

由 $\dfrac{A_c^3}{B_c} = \dfrac{\alpha Q^2}{g}$，$Q = A_c C_c \sqrt{R_c i_c}$，联立求解得

$$i_c = \frac{g}{\alpha C_c^2} \frac{\chi_c}{B_c} \qquad (6-23)$$

对于宽浅型渠道 $\chi_c = B_c$，则

$$i_c = \frac{g}{\alpha C_c^2} \qquad (6-24)$$

临界底坡是一种假设底坡，仅与渠道流量 Q、粗糙系数 n、断面形状尺寸有关，其应同时满足临界流和均匀流方程，只适用于均匀流动的流态判别。随着流量的增大，临界底坡 i_c 减小，原本的缓坡渠道会变为急坡渠道时。当给定棱柱型渠道时，$i_c = f(Q)$：当 $i > i_c$ 时 $h_0 < h_c$ 为陡坡，均匀流为急流；当 $i = i_c$ 时 $h_0 = h_c$ 为临界坡，均匀流为临界流；当 $i < i_c$ 时 $h_0 > h_c$ 为缓坡，均匀流为缓流。

【例 6-4】　有一矩形长渠道，已知流量 $Q = 25 \text{m}^3/\text{s}$，渠宽 $b = 5\text{m}$，糙率系数 $n = 0.025$，底坡 $i = 0.0005$。试用三种方法判别该渠道在均匀流时的流态。

解：（1）$V = \dfrac{Q}{A} = \dfrac{Q}{b h_0} = \dfrac{1}{n} R^{\frac{2}{3}} \sqrt{i}$

$$\sqrt[3]{\frac{(bh_0)^5}{(2h_0+b)^2}}=\frac{Qn}{\sqrt{i}}=27.95$$

设不同的正常水深，计算式中各项见表 6 - 6。

表 6 - 6 　　　　　　　　　　不同水深对应的各项值

h_0	$(5h_0)^5$	$(2h_0+5)^2$	$\sqrt[3]{\dfrac{(bh_0)^5}{(2h_0+b)^2}}$
2	10^5	81	10.73
4	20^5	13^2	26.55
4.1	20.5^5	13.2^2	27.50
4.2	21^5	13.4^2	26.55

根据表 6 - 6 取得 $h_0=4.15\text{m}$ 时，$h_c=\sqrt[3]{\dfrac{\alpha Q^2}{gb^2}}=1.37\text{m}$，$h_0>h_c$，是缓流。

（2）$Fr=\sqrt{\dfrac{Q^2 b}{gA^3}}=0.189<1$，是缓流。

（3）$V=\dfrac{Q}{A}=\dfrac{Q}{bh_0}=1.2\text{m/s}$，$c=\sqrt{gh_0}=6.38\text{m/s}$，$V<c$，是缓流。

结论：判别明渠流动状态的方法见表 6 - 7。

表 6 - 7 　　　　　　　　　　判别明渠流动状态的方法

	波速法	弗劳德数法	断面比能法	临界水深法	临界底坡法（均匀流）
缓流	$V<c$	$Fr<1$	$\dfrac{\mathrm{d}E_s}{\mathrm{d}h}>0$	$h>h_c$	$i<i_c$
临界流	$V=c$	$Fr=1$	$\dfrac{\mathrm{d}E_s}{\mathrm{d}h}<0$	$h<h_c$	$i>i_c$
急流	$V>c$	$Fr>1$	$\dfrac{\mathrm{d}E_s}{\mathrm{d}h}=0$	$h=h_c$	$i=i_c$

6.4.4 水跃和跌水

　　工程中明渠沿程流动边界的变化，往往会导致流动状态由急流向缓流，或由缓流向急流过渡，发生水跃和跌水现象，如图 6 - 23 所示。

水跃和跌水现象

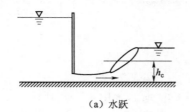
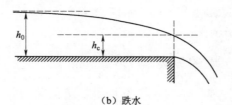

（a）水跃　　　　　　　　　　　（b）跌水

图 6 - 23　水跃和跌水示意图

水跃是急流到缓流时水面突然跃起的局部水力现象。从泄水建筑物下泄的水流其水深很浅，流速较大，属于急流，而下游河道中的水流一般属于缓流，下泄水流从急流过渡到缓流，必然发生水跃，例如在闸、坝及陡槽等泄水建筑物下游。水跃可以消除能量，保护河床免受急流冲刷、淘刷。实验表明，水跃区中单位机械能损失可达 $20\%\sim80\%$。

缓坡中的水流因下游渠底变陡或渠身断面突然扩大，发生突然跌落，这种由缓流向急流过渡时水面急剧降落的局部水力现象被称为跌水，常发生于下游渠底坡度变陡或下游渠道断面形状突然改变时。

6.5　堰　流　概　述

6.5.1　堰和堰流的基本概念

在明渠缓流中设置障壁，它既能壅高渠中的水位，又能自然溢流，这样的障壁

图 6 - 24　堰和堰流

统称为堰。水流受到堰体或两侧边墙束窄的阻碍，上游水位壅高，水流从堰顶自由下泄，水面线为一条连续降落的曲线，这种水流现象被称为堰顶溢流，简称堰流。例如给排水工程中的蓄水、水利工程中的溢流坎等，是常遇到的堰流类型，如图 6 - 24 所示。本节主要介绍堰流的水力计算，闸孔出流和小桥孔径的水力计算问题本节不做介绍，作为自学内容。

堰流特点如下：

（1）在堰面附近较短的距离内流线急剧弯曲，属于明渠中的急变流，水力计算中主要为局部阻力。

（2）过堰水流的势能转化为动能，在重力作用下自由跃落。

（3）水流过堰顶时会收缩。

堰流的基本特征量有堰上水头 H，堰宽 b，上游堰高 P，下游堰高 P'，堰顶厚度 δ，上、下游水位差 Z，堰下游水深 h，堰前行近流速 V_0。堰流的基本特征量如图 6 - 25 所示。

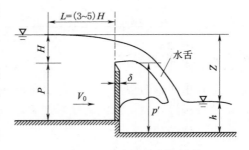

图 6 - 25　堰流的基本特征量

6.5.2　堰的分类

根据堰顶厚度 δ 与堰上水头 H 的关系分为薄壁堰、实用堰、宽顶堰。

薄壁堰（$\delta/H<0.67$）如图 6 - 26 所示，可忽略沿程水头损失 h_f，过堰的水舌形

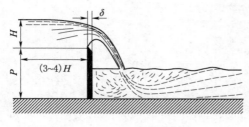

图 6-26 薄壁堰

状不受堰顶厚度 δ 的影响，水舌下缘与堰顶呈线接触，水面为单一的降落曲线。

实用堰（$0.67 < \delta/H < 2.5$）如图 6-27 所示，一次跌落可忽略沿程水头损失 h_f，过堰水流受到堰顶的约束和顶托，水舌与堰顶呈面接触，但水面仍为单一的降落曲线。

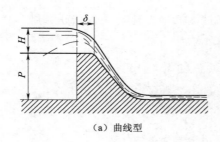

（a）曲线型

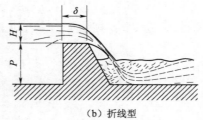

（b）折线型

图 6-27 实用堰

宽顶堰（$2.5 < \delta/H < 10$）如图 6-28 所示，沿程水头损失 h_f 不能忽略，堰顶厚度对水流有顶托作用，能形成二次水跌，宽顶堰的堰顶厚度较大，堰顶厚度对水流有显著影响。

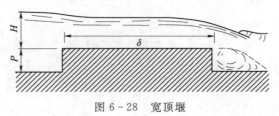

图 6-28 宽顶堰

6.6 堰 流 水 力 计 算

6.6.1 宽顶堰溢流水力计算

宽顶堰堰流示意图如图 6-29 所示。宽顶堰堰流主要特点为进口不远处形成一收缩水深 h_{c0}，此收缩水深小于堰顶断面的临界水深 h_c，以后形成的流线近似平行于堰顶，水面在堰尾第二次下降，与下游衔接。

应用能量方程可推导出堰流水力计算的基本公式，列断面 0-0 与断面 1-1（收缩断面）的伯努利方程，有

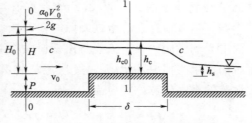

图 6-29 宽顶堰堰流示意图

119

$$H + \frac{\alpha_0 V_0^2}{2g} = h_{c0} + (\alpha_1 + \zeta) \frac{V^2}{2g}$$

式中　V——断面 1-1 的平均流速；

　　α_0、α_1——相应断面的动能修正系数；

　　　　ζ——局部水头损失系数；

$\dfrac{\alpha_0 V_0^2}{2g}$——行近流速水头。

令 $H_0 = H + \dfrac{\alpha_0 V_0^2}{2g}$，其为包括行进流速水头的堰上全水头。

令 $h_{c0} = kH_0$，其中 k 是与堰口形式和过流断面变化有关的修正系数（以 P/H 表示），称为压强系数。则伯努利方程可表示为

$$H_0 - kH_0 = (\alpha_1 + \zeta) \frac{V^2}{2g}$$

得

$$V = \frac{1}{\sqrt{\alpha_1 + \zeta}} \sqrt{2gH_0(1-k)} = \varphi \sqrt{2gH_0(1-k)} \qquad (6-25)$$

其中，$\varphi = \dfrac{1}{\sqrt{\alpha_1 + \zeta}}$ 为流速系数。

因为断面 1-1 一般为矩形，设其宽度为 b，则断面 1-1 的面积为 $A = kH_0 b$，通过的流量为

$$Q = kH_0 bV = kH_0 b\varphi \sqrt{2gH_0(1-k)} \qquad (6-26)$$

堰的流量系数为

$$m = \varphi k \sqrt{1-k}$$

得到宽顶堰流量计算公式为

$$Q = mb \sqrt{2g} H_0^{3/2} \qquad (6-27)$$

影响流量系数 m 的主要因素是流速系数 φ 和压强系数 k，流速系数 φ 主要反映局部水头损失的影响；压强系数 k 反映了堰顶水流在垂直方向的收缩程度。因此，不同水头、不同类型、不同尺寸的堰流，其流量系数 m 值各不相同。

如果下游水位较高，影响到 1-1 断面的水流条件时，则在相同水头 H 时，其过流量 Q 将小于由式 (6-27) 的计算值，这时称为淹没出流，用淹没系数 σ 反映其影响。当堰顶存在边墩或闸墩时，即堰顶宽度小于上游河渠宽度时，过堰水流在平面上受到横向约束，流线将出现横向收缩，使水流的有效宽度小于实际的堰顶净宽，局部水头损失 h_j 增大，过堰流量将有所减小，用侧收缩系数 ε_1 反映其影响。故堰流的基本计算公式应为

$$Q = m\varepsilon_1 \sigma b \sqrt{2g} H_0^{3/2} \qquad (6-28)$$

若堰流为自由出流时，取 $\sigma = 1$；若堰流为无侧收缩时，取 $\varepsilon_1 = 1$。

6.6.2 薄壁堰流水力计算

薄壁堰流具有稳定的水头与流量关系，常作为水力模型实验和野外测量中的一种有效易行的量水设备。根据其堰口形状，薄壁堰又可分为矩形薄壁堰、三角形薄壁堰、梯形薄壁堰和比例薄壁堰，薄壁堰的类型如图 6-30 所示。

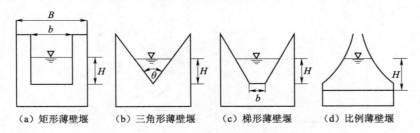

（a）矩形薄壁堰 （b）三角形薄壁堰 （c）梯形薄壁堰 （d）比例薄壁堰

图 6-30 薄壁堰的类型

1. 矩形薄壁堰流

堰口形状是矩形的堰称为矩形薄壁堰，当流量较大时常用矩形薄壁堰进行测量。无侧收缩、自由出流时的流量计算公式为

$$Q = mb \sqrt{2g} H_0^{3/2} \tag{6-29}$$

为便于使用直接测得的堰上水头 H 计算流量，可将行近流速水头的影响归集于流量系数中一并考虑，即改写式（6-29）为

$$\begin{cases} Q = m_0 b \sqrt{2g} H^{3/2} \\ m_0 = m \left(1 + \dfrac{\alpha_0 V_0^2}{2gH_0}\right)^{3/2} \end{cases} \tag{6-30}$$

式中　m_0——包含行近流速水头影响在内的流量系数。

为了保证堰为自由出流，并使过堰水流稳定，应注意堰上水头 $H > 2.5\text{cm}$，不宜过小。否则，水舌在表面张力的作用下将挑射不出，易发生贴附溢流。堰后水舌下面的空间应与大气相通，否则空气会逐渐被水舌带走，压强降低，在水舌下面形成局部真空，影响出流稳定。在堰后侧壁上设置通气管是一个有效的措施，堰后水舌及通气孔如图 6-31 所示。

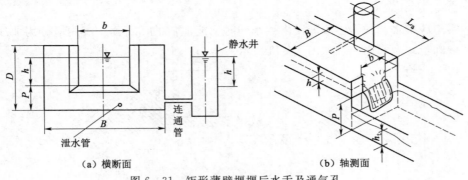

（a）横断面　　　　　　　　　（b）轴测面

图 6-31 矩形薄壁堰堰后水舌及通气孔

2. 直角三角形薄壁堰流

当所测流量较小时，若用矩形薄壁堰测量，则会因水头过小造成测量误差很大。改为三角形薄壁堰后，增大了堰上水头，可提高小流量的测量精度。

常用的三角形薄壁堰多为直角三角形薄壁堰，如图 6-32 所示。流量表达式为

$$Q = 1.4H^{2.5} \tag{6-31}$$

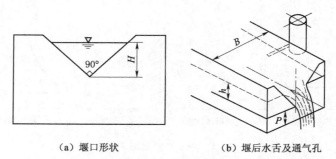

（a）堰口形状 （b）堰后水舌及通气孔

图 6-32 直角三角形薄壁堰堰后水舌及通气孔

其中，H 的单位是 m，Q 的单位是 m^3/s。适用范围为：$H=0.05 \sim 0.25\text{m}$，渠槽宽 $B \geqslant (3 \sim 4)H$。

【例 6-5】 当堰口断面水面宽度为 50cm，堰高 $P_1 = 40\text{cm}$，水头 $H = 20\text{cm}$ 时，分别计算无侧收缩矩形薄壁堰、直角三角形薄壁堰的过流量。

解： 对于无侧收缩矩形薄壁堰，$b = 0.5\text{m}$，$H = 0.2\text{m}$，流量系数为

$$m_0 = 0.403 + 0.053\frac{H}{P_1} + \frac{0.0007}{H} = 0.403 + 0.053 \times \frac{0.2}{0.4} + \frac{0.0007}{0.2} = 0.433$$

流量为

$$Q_1 = m_0 b \sqrt{2g}H^{3/2} = 0.433 \times 0.5 \times \sqrt{19.6} \times 0.2^{3/2} \approx 0.0857\text{m}^3/\text{s} = 85.7\text{L/s}$$

对于直角三角形薄壁堰，$H = 0.2\text{m}$，流量为

$$Q_2 = 1.4H^{2.5} = 1.4 \times 0.2^{2.5} \approx 0.025\text{m}^3/\text{s} = 25\text{L/s}$$

或

$$Q_2 = 1.343H^{2.47} = 1.343 \times 0.2^{2.47} \approx 0.0252\text{m}^3/\text{s} = 25.2\text{L/s}$$

显而易见，在同样水头作用下，矩形薄壁堰的过流量大于三角形薄壁堰的过流量。

6.6.3 实用堰流

实用堰是水利工程中既能用来挡水同时又能泄流的构筑物，实用堰分为曲线型实用堰和折线型实用堰，如图 6-33 所示。

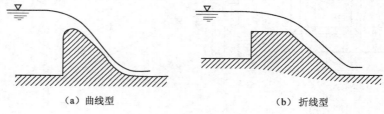

（a）曲线型 （b）折线型

图 6-33 实用堰

曲线型实用堰常用于混凝土修筑的中、高水头溢流堰，堰顶的曲线形状适合水流情况，可提高过流能力，曲线型实用堰有非真空堰和真空堰两种。

如果曲线与同样条件下薄壁堰自由出流的水舌下缘相重合，堰面压强为大气压强。此时流量系数与薄壁堰基本相当；如果曲线突出水舌下缘，则堰面将顶托水流，堰面的压强应大于大气压强，堰前总水头中的一部分势能将转换成压能，过水能力就会降低。上述两类堰都被称为非真空堰。

如果堰面低于水舌下缘，溢流水舌将脱离堰面，脱离处的空气被水舌卷吸带走，堰面处会形成局部真空，此类堰被称为真空堰。真空堰的优点是过水能力会得到提高，缺点是水流不稳定，会引起构筑物的振动，而且可能在堰面产生空穴，导致堰面损坏。理想的剖面形状应使堰面曲线与薄壁堰水舌下缘重合，这样既不产生真空，又有比较大的过水能力。曲线型实用堰常用形式有克里格尔-奥菲采洛夫剖面堰、美国 WES 标准剖面堰、长研型剖面堰等。

折线型常用于中、小型溢流坝中，具有取材方便和施工简单的优点，计算公式的结构形式与薄壁堰相同。流量 $Q=mb\sqrt{2g}H_0^{3/2}$，还可以改写为

$$Q = \sigma_s m_0 b \sqrt{2g} H^{3/2} \qquad (6-32)$$

其中曲线形的流量系数 $m_0=0.45$；折线形的流量系数 $m_0=0.35\sim0.42$。淹没条件 $h_s=h-p>0$，σ_s 被称为淹没系数，随淹没程度的增大而减小。

本章小结

【思考题】

1. 明渠均匀流与有压管流有何不同？

2. 两条明渠底坡、底宽和糙率均相同，流量亦相同，断面形状不同，当两条渠道的水流均为均匀流时，这两条明渠的正常水深是否相等？

3. 两条明渠的断面形状、尺寸、糙率和通过的流量完全相等，但底坡不同，那么它们的正常水深是否相等？

4. 有两条梯形断面渠道1和渠道2，已知其流量、边坡系数、底坡和粗糙度均相同，但底宽 $b_1>b_2$，则其均匀流水深 h_1 和 h_2 的关系是怎样的？

5. 设计明渠时选用的糙率大于实际的糙率，那么设计流量与实际通过流量的比较是怎样的？

6. 有一堰流，堰顶长度为 3m，堰上水头为 0.5m，则该堰流属于哪一类型？

7. 当实用堰的其他条件相同时，堰顶压强小的堰流量系数更大还是更小？

思考题解答

【计算题】

1. 某梯形断面排水渠，土质为沙壤土，边坡系数 $m=2$，粗糙系数 $n=0.025$，底坡 $i=1/2500$，若要求正常水深 $h_0=1.25\text{m}$，求通过流量 $Q=5\text{m}^3/\text{s}$ 时的底宽。

2. 某梯形断面土渠中发生均匀流动，已知底宽 $b=2\text{m}$，水深 $h=1.5\text{m}$，底坡 $i=0.0004$，粗糙系数 $n=0.0225$，试求渠中的流量 Q。

3. 梯形渠道流量 $Q=19.6\text{m}^3/\text{s}$，流速 $V=1.45\text{m/s}$，$m=1.0$，糙率 $n=0.03$，$i=0.0007$，试求渠道断面 b 及 h。

计算题解答

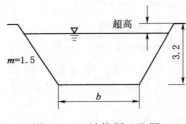

图 6-34　计算题 4 配图

4. 一电站已建引水渠为梯形断面，$m=1.5$，底宽 $b=35$m，$n=0.03$，$i=1/6500$，渠底到堤顶高程差为 3.20m，电站引水流量 $Q=67$m³/s，如图 6-34 所示。因工业发展需要，要求该渠道供给工业用水。试计算超高 0.5m 条件下，除电站引用流量外，还能供给工业用水的量为多少？

5. 需在粉质黏土地段上设计一条梯形断面渠道。已知均匀流流量 $Q=3.5$m³/s，渠底坡底 $i=0.005$，边坡系数 $m=1.5$，粗糙系数 $n=0.025$，试分别按不允许流速 v_{max} 及是否水力最优条件设计渠道断面尺寸，并确定采用哪种方案设计的断面尺寸和分析需要加固。

6. 钢筋混凝土圆形污水管的管径 $d=1000$mm，管壁粗糙系数 $n=0.014$，管道坡度 $i=0.002$，求最大设计充满度时的流速和流量。

7. 如图 6-35 所示宽顶堰，已知堰顶厚度 $\delta=5$m，堰上水头 $H=0.85$m，上游堰高 $P_1=0.5$m 堰宽与上游矩形渠道宽度相同，$b=1.28$m，下游水深 $h=1.12$m，求过堰流量。

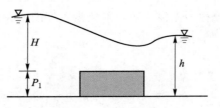

图 6-35　计算题 7 配图

8. 当堰口断面的水面宽度为 50cm，堰高 $p_1=40$cm，水头 $H=20$cm 时，分别计算无侧收缩矩形薄壁堰、直角三角形薄壁堰的过流量。

第7章 土木工程中的渗流

流体在孔隙介质中的流动被称为渗流。人们对渗流现象的研究由来已久。1856年达西对法国第戎（Dijon）地下水源进行研究，被认为是渗流学科的建立伊始。此后很长一段时期，渗流研究专注于土壤和岩石中水体流动这一类问题。直到20世纪30年代，石油开采业迅速崛起，极大地加速了渗流学科的发展。

如今，人们已广泛研究了土木、水力、地质、采矿、化工、环境等诸多学科中的渗流现象。在土木工程学科中，隧道及地下工程防水、围堰或基坑的排水量和水位降落的计算，公路铁路路基排水等，都和渗流直接相关。

7.1 渗 流 概 述

水在土壤和砂石中的流动，是自然界也是土木工程领域最常见的渗流现象。本章介绍的渗流正是水在土壤和砂石中的流动，下面介绍水在土壤中的状态。

7.1.1 土壤中水的状态

从微观角度分析，水在土壤中的状态有两种情况：①孔隙空间中充满水的饱和状态，饱和土壤表征体元图如图7-1所示；②孔隙空间中同时存在水和空气的混合情况，被称为非饱和状态，非饱和土壤表征体元图如图7-2所示。

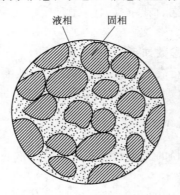
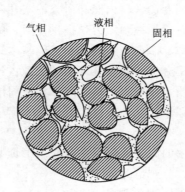

图7-1 饱和土壤表征体元图　　图7-2 非饱和土壤表征体元图

事实上，水在土壤中还可能以其他状态存在，如气态的水蒸气、土壤颗粒表面的附着水、因毛细作用保持在土壤孔隙中的毛细水等。不过，这些状态的水是干燥过程、化工吸附等领域研究的重点，在渗流学科中一般都被忽略不计。土木工程渗流领域，着重研究压力和重力作用下水的流动。

本章介绍的内容以饱和渗流为主。饱和渗流即液态水单相流动，也确实是绝大多数土木工程学科涉及的实际问题。

从宏观角度分析，地下水，即埋藏在地面以下多孔岩石、土壤缝隙中的水，按照埋藏条件，可以分为潜水和承压水（自流水）两种。潜水，是指埋藏在地面以下第一个稳定不透水层（隔水层）以上的地下水，其具有自由表面。承压水，是指埋藏在两个隔水层之间的地下水。

潜水和承压水的渗流计算有着显著不同。这是因为两者压力状态不同，也就是渗流微分方程积分求解过程中代入的初始条件和边界条件不同，其直接影响渗流结果。因此土木工程领域的渗流问题往往对潜水和承压水进行分类处理。

7.1.2　孔隙相关的基本概念

流体在孔隙介质中的渗流规律，一方面取决于流体的物理、力学状态，同时也受到孔隙结构的制约影响。孔隙结构不同，液体的渗流特性也随之改变。流体与孔隙结构存在极强的耦合关系。这种耦合关系正是本章渗流研究与本书前面介绍的流动问题间最大的不同，也是渗流学科必须妥善处理好的核心问题。

下面给出与孔隙结构有关的概念。

多孔介质指多孔固体骨架构成的孔隙空间中充满单相或多相介质。固体骨架遍及多孔介质所占据的体积空间，孔隙空间相互连通，其内介质可以是气相流体、液相流体或气液两相流体。典型的多孔介质骨架有土壤、沙、砂岩、金属泡沫、海绵、面包、人体肝脏等。

从多孔介质的定义可以看出，多孔介质是孔隙和流体集合的总称。多孔介质概念的引入可以极大地便利流体与孔隙结构强耦合关系的研究。

需要特别指出的是，多孔介质学科与渗流学科虽然有着相似、甚至相同的研究对象，但两者的学科内涵和研究框架并不相同。本章提及多孔介质，是希望可以为更好地理解、把握渗流力学提供助力。

与孔隙、多孔介质概念相关的基本结构参数如下：

孔隙率 ϕ 用来对多孔介质的孔隙占比进行表征，孔隙率的定义为孔隙的体积 V_v 与多孔介质总体积（包括孔隙体积和固体颗粒所占据的体积）V_b 之比，即

$$\phi = \frac{V_v}{V_b} \times 100\% \tag{7-1}$$

孔隙率的大小取决于多孔介质中骨架粒径的大小和分布，或者说取决于孔隙的孔径大小、分布情况。

一般砂岩的孔隙率为 $12\% \sim 30\%$，均质砂的孔隙率为 $30\% \sim 40\%$，土壤的孔隙率为 $43\% \sim 54\%$。孔隙率是影响渗流的重要参数。

比面 Ω 定义为固体骨架表面积 A_s 与多孔介质总体积 V_b 之比，即

$$\Omega = \frac{A_s}{V_b} \tag{7-2}$$

例如 $1m^3$ 粉砂岩的内表面积可达 $20000m^2$，因此其比面为 $20000m^2/m^3$。需要注意的是，不同学科应用场景，比面惯用单位的选取全然不同，$\frac{1}{m}$、$\frac{1}{cm}$、$\frac{1}{mm}$ 都被广泛使用。甚至，采用固体骨架表面积 A_s 作分母，多孔介质总体积 V_b 作分子的情况也有出现。因此在比面的表述中一定要标明单位。

7.1.3 渗流模型假设

自然界的土壤、岩石颗粒，在形状、大小上相差悬殊；而且颗粒构成的孔隙通道在形状、粗细、分布上也极不规律，因此从微观角度研究每一个孔道中的流动状态异常困难。

思考——如何应对渗流微观动力学难解的困境？

事实上，土木工程实践中关心的是渗流的宏观效果，而非单一土壤颗粒与流体的作用关系。因此，有必要做适当假设，引入简化的渗流模型来表征实际的流动情况。

构建物理模型，在渗流区域边界条件保持不变的前提下，假设：①略去全部泥土颗粒，渗流区域充满流体，且该模型流量与实际渗流流量相等；②假设忽略渗流道路的曲折性，认为其是从上游到下游的直线流动。对于模型压强、渗流阻力等物理量，假定模型也可等效替代实际流场的情况。

引入渗流模型后，将渗流视为连续介质运动，可以利用连续介质的各种概念和方法研究渗流。

这样就可以定义渗流速度 u，渗流速度 u 为渗流模型某一过水断面 ΔA 上通过流量 ΔQ 状态下的平均速度，即

$$u = \frac{\Delta Q}{\Delta A} \tag{7-3}$$

这样定义的渗流速度 u 取的是统计指标上、宏观意义的平均速度。

渗流速度是渗流力学中极其重要的概念。引入渗流速度，避开了难以处理的微观水动力学，使得渗流研究不必细究复杂多变孔隙结构中的实际流动，不必去关注流动速度大小和方向的实时变化。使得渗流问题研究得以有效开展。

7.1.4 渗流基本定律——达西定律

17 世纪 50 年代，法国人达西采用沙质土壤进行了大量渗流实验。研究渗流速度（流量）与渗流压力（水头损失）之间的关系。

达西实验装置如图 7-3 所示。竖直圆筒内填充

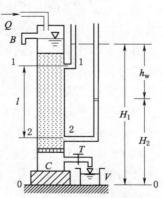

图 7-3 达西实验装置

渗流和渗流模型

127

细沙，圆筒上下两端各装有一个测压管。水由圆筒上部注入，在溢流管口 B 的作用下，圆筒水位保持恒定。圆筒横截面积为 A，沙层厚度为 l。

不考虑流速水头，实测的测压管水头差即为 1-1 断面和 2-2 断面间的水头损失，即 $h_w=H_1-H_2$。

水力坡度为

$$J=\frac{h_w}{l}=\frac{H_1-H_2}{l}$$

渗流体积流量 Q 的表达式为

$$Q=kAJ \tag{7-4}$$

渗流速度 V 的计算公式为

$$V=\frac{Q}{A}=kJ \tag{7-5}$$

式（7-4）和式（7-5）即为渗流领域著名的达西定律。其中 k 为表征多孔土壤渗透性能的一个综合系数，被称为渗透系数，具有速度的量纲。

达西定律是在等直径圆筒内的均质沙土中实验得出的，其流线为平行直线，属于均匀渗流。因此其各点速度等于断面平均流速，即

$$u=V=kJ \tag{7-6}$$

式（7-6）表明：渗流水力坡度 J，即单位距离上水头损失与渗流速度的一次方成正比。

上面直接给出了达西定律的表达式，达西定律的推导可以从各向同性、均匀渗流控制体内一维稳态动量方程中得出。这里不再赘述。

⅄思考——达西定律的适用范围？

变换达西公式可得

$$h_w=\frac{l}{k}V \tag{7-7}$$

式（7—7）表明渗流的水头损失与渗流速度的一次方成正比，符合典型的层流特性。达西定律是渗流的线性定律，后来更广泛的实验指出，当渗流流速增大到一定数值后，水头损失和流速的 2 次方成正比，达西定律就不再适用。

由于土壤孔隙的大小、形状、分布等情况十分复杂，多孔介质内部各处层流向湍流转变往往不会同时发生。渗流的层流和湍流之间的转变是渐进的。

大量实验表明，随着渗流速度的加大，水头损失与渗流速度成 1～2 次方的比例。渗流层流和湍流之间的临界雷诺数取值为 1～10。雷诺数计算采用 d_{10} 作为特征尺寸。d_{10} 为土壤筛分后占 10%重量的土粒所能通过的筛孔直径。

对于湍流渗流（或者被称为非达西流动），其渗流流速表达式也常被写成类似达西公式的形式，即

$$V=kJ^{\frac{1}{m}} \tag{7-8}$$

这样，当 $m=1$ 时，式（7-8）即为达西定律公式。

7.1.5 渗透系数确定方法

应用达西公式进行渗流流速（流量）计算时，需要确定渗透系数 k。渗透系数取决于多孔介质和流体两方面的特性，机理复杂。渗透系数主要采用实验方法测定。

渗流实验测定方法可以溯源到上文介绍的达西渗流实验，基本原理就是测定水头损失和渗流量，然后利用达西公式计算得到渗透系数 k 的值。

实际工程中，可以采用钻孔方式，采集实际的多孔土体结构试芯，然后在实验室中使用岩心夹持器固定，接入测试的压力管路进行渗透系数 k 数值的测试。

实际工程中，也可以采用现场钻井或挖试坑，然后注水或抽水，测定流量、水头等数值，再根据相应的理论公式反求出渗透系数值。

测试的方法能够尽可能真实、准确地确定特定的多孔结构渗透系数，但过程费时费力。因此，在进行精度要求不高的计算以及粗略工程估算时，可以查询相关书籍、手册，用好已有的实验数据。

渗透系数取值参考见表 7-1。表 7-1 给出了部分常见多孔结构的渗透系数 k 的值，常用单位有 m/d、cm/s 两种。

表 7-1   渗 透 系 数 取 值 参 考

土 名	渗 透 系 数	
	单位 m/d	单位 cm/s
黏土	<0.005	$<6 \times 10^{-6}$
亚黏土	$0.005 \sim 0.1$	$6 \times 10^{-6} \sim 1 \times 10^{-4}$
轻亚黏土	$0.1 \sim 0.5$	$1 \times 10^{-4} \sim 6 \times 10^{-4}$
黄土	$0.25 \sim 0.5$	$3 \times 10^{-4} \sim 6 \times 10^{-4}$
粉砂	$0.5 \sim 1.0$	$6 \times 10^{-4} \sim 1 \times 10^{-3}$
细沙	$1.0 \sim 5.0$	$1 \times 10^{-3} \sim 6 \times 10^{-3}$
中砂	$5.0 \sim 20.0$	$6 \times 10^{-3} \sim 2 \times 10^{-2}$
均质中砂	$35 \sim 50$	$4 \times 10^{-2} \sim 6 \times 10^{-2}$
粗砂	$20 \sim 50$	$2 \times 10^{-2} \sim 6 \times 10^{-2}$
均质粗砂	$60 \sim 75$	$7 \times 10^{-2} \sim 8 \times 10^{-2}$
圆砾	$50 \sim 100$	$6 \times 10^{-2} \sim 1 \times 10^{-1}$
卵石	$100 \sim 500$	$1 \times 10^{-1} \sim 6 \times 10^{-1}$
无填充物的卵石	$500 \sim 1000$	$6 \times 10^{-1} \sim 1 \times 10$
稍有裂隙的岩石	$20 \sim 60$	$2 \times 10^{-2} \sim 7 \times 10^{-2}$
裂隙多的岩石	>60	$>7 \times 10^{-2}$

7.2　地下水的无压渗流

土木工程领域涉及的渗流计算类型多样。

按照各渗流空间点上，流动参数是否随时间变化，可分为恒定渗流和非恒定渗流；依据运动要素与坐标的关系，可分为一元、二元、三元渗流；依据流线是否为平行直线，可分为均匀渗流和非均匀渗流，其中非均匀渗流又可分为渐变渗流和急变渗流；按照有无自由水面，分为无压渗流和有压渗流。

具有自由液面的地下水流动属于无压渗流，相当于透水层中的明渠流动。

无压渗流可以是流线为平行直线的均匀渗流，但更多情况下，无压渗流是流线近似于平行直线的非均匀渐变渗流。

无压渗流一般按一元流动处理，将过流断面简化为宽阔矩形断面计算。

下面我们重点介绍恒定条件下，即流动参数不随时间变化的非均匀渐变渗流的基本情况。地下水恒定、无压、一元、非均匀渐变渗流是土木工程领域各类复杂渗流计算的基础。

7.2.1　裴皮依公式

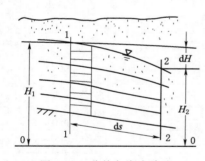

图 7-4　非均匀渐变渗流

非均匀渐变渗流如图 7-4 所示，在非均匀渐变渗流中，取相距 ds 的过流断面 1-1 和 2-2，由于过流断面各点测压管水头相等（渐变流，其过流断面近似于平面），又由于渗流的速度通常很小，速度水头 $\dfrac{V^2}{2g}$ 则更小，因此渗流的总水头等于测压水头。

图 7-4 中断面 1-1 和断面 2-2 间任一流线的水头损失相同，即

$$H_1 - H_2 = -\,\mathrm{d}H$$

非均匀渐变流的流线近乎于平行直线，1-1 和 2-2 断面间各流线长度近乎于 ds，则过流断面上各点水力坡度相等，即

$$J = -\frac{\mathrm{d}H}{\mathrm{d}s}$$

过流断面上各点速度相等，并等于断面的平均流速，即

$$V = u = kJ = -k\frac{\mathrm{d}H}{\mathrm{d}s} \tag{7-9}$$

流速分布图为矩形。

式（7-9）就是著名的裴皮依公式。由法国学者裴皮依于 1863 年提出。此公式在形式上和达西定律相同，但含义上讲的是非均匀渐变渗流断面上，平均速度与水力坡度的关系。请注意，裴皮依公式适用于渐变渗流，对于流线曲率很大的急变渗

流并不适用。

7.2.2 渐变渗流基本方程

渐变渗流断面如图 7 - 5 所示。无压非均匀渐变渗流的不透水地层坡度为 i，取相距为 ds 的过流断面 1 - 1、断面 2 - 2，水深变化为 dh，测压管水头的变化为 dH。

断面 1 - 1 的水力坡度为

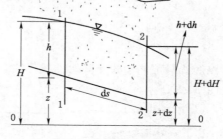

图 7 - 5 渐变渗流断面

$$J = -\frac{\mathrm{d}H}{\mathrm{d}s} = -\left(\frac{\mathrm{d}z}{\mathrm{d}s} + \frac{\mathrm{d}h}{\mathrm{d}s}\right) = i - \frac{\mathrm{d}h}{\mathrm{d}s}$$

代入式（7 - 9），其断面平均渗流速度为

$$V = k\left(i - \frac{\mathrm{d}h}{\mathrm{d}s}\right) \qquad (7 - 10)$$

其渗流量为

$$Q = kA\left(i - \frac{\mathrm{d}h}{\mathrm{d}s}\right) \qquad (7 - 11)$$

式（7 - 11）即为无压恒定渐变渗流的基本方程。

7.2.3 渐变渗流浸润线分析

无压渗流是具有自由液面的地下水流动，其水面线被称为浸润线。

因为渗流速度小，水头损失忽略不计，所以浸润线既是测压管水头线，也是总水头线。

无压恒定渐变渗流的基本方程，是接下来分析、绘制渐变渗流浸润曲线的基本理论依据。对其进行积分就可以得到相应范围内的浸润曲线。

根据式（7 - 11）可以得知，浸润线和不透水地层坡度 i 直接相关。自然界中，渗流透水层下的不透水层（隔水层）的几何形状是不规则的。接下来的分析中，假定不透水层为平面，其坡度 i 称为底坡。依据不透水层坡度的情况，分为顺坡（$i > 0$）、平坡（$i = 0$）和逆坡（$i < 0$）三种情况。

变换式（7 - 11）得

$$\frac{\mathrm{d}h}{\mathrm{d}s} = i - \frac{Q}{kA}$$

与均匀渗流流量计算公式 $Q = kA_0 i$ 联立，得

$$\frac{\mathrm{d}h}{\mathrm{d}s} = i\left(1 - \frac{A_0}{A}\right) \qquad (7 - 12)$$

式中 A——实际渗流的过流断面积；

A_0——同条件下均匀渗流的过流断面积。

式（7 - 12）即为顺坡渗流浸润线微分方程。

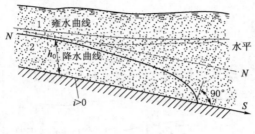

图 7-6　顺坡基底渗流

顺坡基底渗流如图 7-6 所示，均匀渗流正常水深线 $N-N$ 将顺坡基底渗流分为上下两个区域。参照明渠流的概念，将均匀渗流的水深 h_0 称为正常水深。当 $h > h_0$ 时，浸润线为渗流壅水曲线；当 $h < h_0$ 时，浸润线为渗流降水曲线。

对于平坡基底和逆坡基底渗流，浸润线只可能为渗流降水曲线形式。平坡基底渗流如图 7-7 所示。逆坡基底渗流如图 7-8 所示。

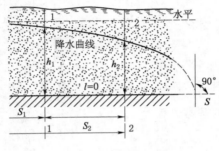

图 7-7　平坡基底渗流

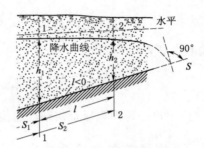

图 7-8　逆坡基底渗流

因为渗流过程中存在水头损失，浸润线沿程一般都是下降的，表现在渗流降水曲线的形式上。唯独顺坡（$i > 0$）时，可能出现壅水曲线。当然具体壅水曲线出现与否，还要看其渗流过程中水头损失和顺坡影响的相对大小关系。

7.3　井　渗　流

为了开采或疏干地下水，需要钻孔打井。

根据渗流计算的不同模式，井的渗流被分为多个类型，如图 7-9 所示。

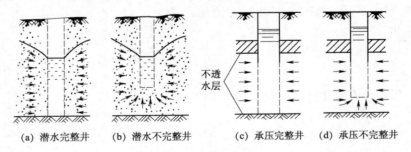

(a) 潜水完整井　　(b) 潜水不完整井　　(c) 承压完整井　　(d) 承压不完整井

图 7-9　井渗流分类

按照井吸取的是无压地下水还是有压地下水，分为潜水井和承压井。潜水井没有打穿隔水层，吸取无压的潜水，又称普通井；承压井打穿一层或多层隔水层，吸取承压水，又称自流井。

按照井底和隔水层的位置关系，分为完整井和不完整井。完整井井底处于隔水层，井底无渗流；不完整井的井底处于透水层，井底有渗流。

井的渗流计算主要解决确定渗流量、确定浸润线位置两个问题。

7.3.1 潜水完整井渗流

下面对潜水完整井的渗流特性进行分析计算。

半径为 r_0 的潜水井，透水层厚度为 H，抽水前，井中水位与地下水齐平。抽水后，井中水位下降，周边地下水汇入井中，井周围地下水水位也随之下降，普通完整井渗流如图 7-10 所示。假设透水层为均质同性土壤，抽水量保持恒定，则井水水位 h_0 不变，周围地下水水位形成漏斗形状的浸润面，也保持不变。距离井中心 R 处，基本不受井抽水影响，地下水水位近乎无变化。该距离 R 称为井的影响半径。渗流速度和浸润面对称于井的中心轴，过水断面是以井轴为中心，以 r 为半径的一系列圆柱体侧面，其浸润面高度用 z 表示。

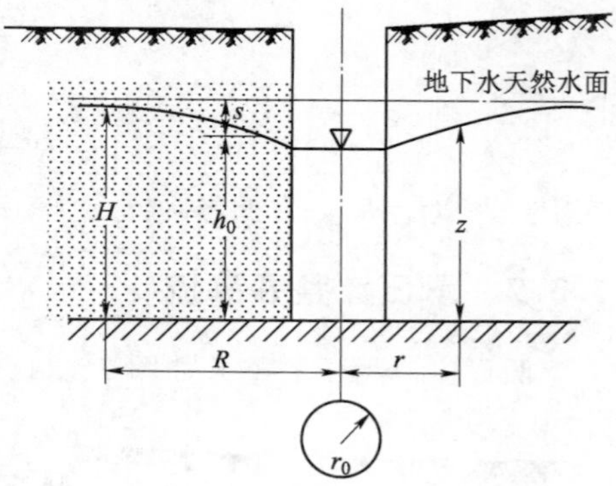

图 7-10 普通完整井渗流

此状况按照一元渐变渗流处理，依据裘皮依公式，该断面的水力坡度 J 可表示为

$$J = \frac{dz}{dr}$$

断面平均流速为

$$V = kJ = k\frac{dz}{dr}$$

过水断面为圆柱面，面积 $A = 2\pi rz$，通过过水断面的渗流量为

$$Q = VA = k2\pi rz\frac{dz}{dr}$$

积分得

$$z^2 = \frac{Q}{\pi k}\ln r + C$$

式中　C——积分常数，由边界条件确定。

代入 $r = r_0$，$z = h_0$，确定积分常数 $C = h_0^2 - \frac{Q}{\pi k}\ln r_0$，可以得到

$$z^2 - h_0^2 = \frac{0.732Q}{k}\lg\frac{r}{r_0} \tag{7-13}$$

式（7-13）为普通完整井的浸润线方程，假设一系列 r 值，即可确定一系列对应的 z 值，绘制出浸润线。

将 $r=R$，$z=H$ 代入过水断面的渗流量积分方程，得普通完整井渗流量的计算公式，即

$$Q = 1.36\frac{k(H^2 - h_0^2)}{\lg\dfrac{R}{r_0}} \tag{7-14}$$

其中，井的影响半径 R 主要取决于土壤的性质，可查找手册或使用经验公式计算。一般细沙 $R=100\sim200$，粗砂 $R=700\sim1000$。也可选用经验公式

$$R = 3000s\sqrt{k} \tag{7-15}$$

或

$$R = 575s\sqrt{Hk} \tag{7-16}$$

式中，$s=H-h_0$，为抽水降深。

7.3.2　承压完整井渗流

假设一口承压完整井如图 7-11 所示，透水层位于两个不透水层之间。

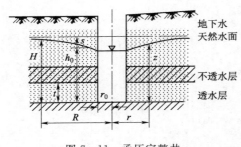

图 7-11　承压完整井

设水平走向的承压透水层厚度 t 为定值，凿井穿透透水层，未抽水时地下水位上升到 H，即 H 为凿井后地下水总水头。当井中连续抽水达到恒定状态时，井中水深将由 H 降至 h_0，井周边的测压水头线也将下降，形成稳定的漏斗形曲面。不透水底层坡度 $i=0$。

此状况也可按照一元渐变渗流处理，依据裴皮依公式，该断面的水力坡度 J 可表示为

$$J = \frac{\mathrm{d}z}{\mathrm{d}r}$$

断面的平均流速为

$$V = kJ = k\frac{\mathrm{d}z}{\mathrm{d}r}$$

距井中心为 r 处的过水断面面积 $A=2\pi rt$，则过水断面的渗流量为

$$Q = VA = k2\pi rt\frac{\mathrm{d}z}{\mathrm{d}r}$$

积分得

$$z = \frac{Q}{2\pi kt}\ln r + C$$

其中，C 为积分常数，由边界条件确定。代入 $r=r_0$，$z=h_0$，确定积分常数 $C=h_0-\dfrac{Q}{2\pi kt}\ln r_0$，因此可得

$$z-h_0=\frac{0.366Q}{kt}\lg\frac{r}{r_0} \tag{7-17}$$

式（7-17）为承压完整井的浸润线方程。

将 $r=R$，$z=H$ 代入过水断面的渗流量积分方程，得到承压完整井渗流量计算公式，即

$$Q=2.73\frac{kt(H-h_0)}{\lg\dfrac{R}{r_0}} \tag{7-18}$$

7.3.3 井群

土木工程实践中常需要在一定范围内开凿多口井。当各井距离不甚大（处于其他井的影响半径内），由于各井间相互影响，使得渗流区域浸润面和产水量产生变化，这种情况下的渗流计算情况称为井群。

显而易见，井群的总产水量绝不是按照独立单井计算的产水量的总和。接下来分析其实际产水情况。

设由 n 个普通完整井组成的井群如图 7-12 所示。各井的半径为 r_{01}、r_{02} 直至 r_{0n}，出水量为 Q_1、Q_2 直至 Q_n，各井至 A 点的水平距离为 r_1、r_2 直至 r_n。

若各井单独工作，它们的井水深分别为 h_1、h_2 直至 h_n，在 A 点形成的浸润线高度分别为 z_1、z_2 直至 z_n，根据普通完整井浸润线方程式（7-13）得

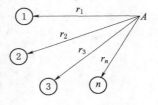

图 7-12 井群

$$z_1^2=\frac{0.732Q_1}{k}\lg\frac{r_1}{r_{01}}+h_1^2$$

$$z_2^2=\frac{0.732Q_2}{k}\lg\frac{r_2}{r_{02}}+h_2^2$$

$$\vdots$$

$$z_n^2=\frac{0.732Q_n}{k}\lg\frac{r_n}{r_{0n}}+h_n^2$$

各井同时抽水，在 A 点形成共同的浸润线高度 z，按照势流叠加原理，其公式为

$$z^2=\sum_{i=1}^{n}z_i^2=\sum_{i=1}^{n}\left(\frac{0.732Q_i}{k}\lg\frac{r_i}{r_{0i}}+h_i^2\right)$$

当各井抽水状况相同，即 $Q_1=Q_2=\cdots=Q_n$，$h_1=h_2=\cdots=h_n$，则

$$z^2=\frac{0.732Q}{k}\left[\lg(r_1r_2\cdots r_n)-\lg(r_{01}r_{02}\cdots r_{0n})\right]+nh^2 \tag{7-19}$$

井群同单井一样，具有其影响半径，若 A 点处于井群的影响半径处，$z=H$，可认为 $r_1 \approx r_2 \approx \cdots r_n = R$，代入式（7-19）可得

$$H^2 = \frac{0.732Q}{k}\left[n\ln R - \lg(r_{01}r_{02}\cdots r_{0n})\right] + nh^2 \qquad (7-20)$$

式（7-20）与式（7-19）相减，得到井群浸润面方程，即

$$z^2 = H^2 - \frac{0.732Q}{k}\left[n\lg R - \lg(r_1 r_2 \cdots r_n)\right] \qquad (7-21)$$

井群总出水量 $Q_0 = nQ$，则式（7-21）可改写为

$$z^2 = H^2 - \frac{0.732Q_0}{k}\left[\lg R - \frac{1}{n}\lg(r_1 r_2 \cdots r_n)\right] \qquad (7-22)$$

井群影响半径可根据经验公式求得，即

$$R = 575s\sqrt{Hk} \qquad (7-23)$$

式中　s——井群中心水位降深。

【例 7-1】　有一普通完整井，其半径为 0.1m，透水层厚度（即水深）$H=8$m，土的渗透系数为 0.001m/s，抽水时井中水深为 3m，试估算该井的出流量。

解：抽水降深

$$s = H - h_0 = 8 - 3 = 5\text{m}$$

选用经验公式计算该井影响半径

$$R = 3000s\sqrt{k} = 3000 \times 5 \times \sqrt{0.001} \approx 474.3\text{m}$$

计算该井出水量为

$$Q = 1.36\frac{k(H^2 - h_0^2)}{\lg\dfrac{R}{r_0}} = 1.36 \times \frac{0.001(8^2 - 3^2)}{\lg\dfrac{474.3}{0.1}} \approx 0.02\text{m}^3/\text{s}$$

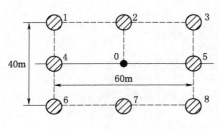

图 7-13　8 口普通完整井

【例 7-2】　为了降低基坑中的地下水水位，在基坑周围设置了 8 口普通完整井，其布置如图 7-13 所示。已知潜水层厚度 $H=10$m，井群的影响半径 $R=500$m，土壤渗透系数 $k=0.001$m/s，井半径 0.1m，总抽水量 $Q_0=0.02$m³/s，试求井群中心 0 点的地下水降深。

解：各井到井群中心 0 点的距离 $r_2 = r_7 = 20$m，$r_4 = r_5 = 30$m，

$$r_1 = r_3 = r_6 = r_8 = \sqrt{20^2 + 30^2} \approx 36\text{m}, n = 8$$

代入式（7-22），得

$$z^2 = H^2 - \frac{0.732Q_0}{k}\left[\lg R - \frac{1}{n}\lg(r_1 r_2 \cdots r_n)\right]$$

$$z^2 = 10^2 - \frac{0.732 \times 0.02}{0.001}\left[\lg 500 - \frac{1}{8}\lg(30^2 \times 20^2 \times 36^4)\right]$$

求得 $z \approx 9.05\text{m}$

则井群中心 0 点地下水降深 $s = H - z = 10 - 9.05 = 0.95\text{m}$

7.4 渗流对建筑物安全稳定性能的影响

上文对地下水无压渗流、井渗流的渗流量计算、浸润线变化做了初步分析，介绍了地下水运动的一些基本规律，本节介绍渗流对建筑物安全稳定的影响。

7.4.1 地基渗透变形

有许多建筑物建在透水层，混凝土或者其他不透水材料建造的地基承受着渗流在其上的作用力，我们把地下水作用在建筑物基底上的压力称为扬压力。

对于水坝、围堰等水工建筑，扬压力的影响是设计施工中不可分割的一部分，但对于一些市政建筑，扬压力的处理却常常被忽视。

渗流（扬压力）原因造成的建筑物破坏如图 7-14 所示。其为某房地产项目实拍图，地下室四十余根承重柱剪断，变形普遍超过 20cm。经实地勘察核验，初步诊断为受连续强降水影响，地下水水位上升，地库整体上浮造成结构破坏。

土壤中水的渗流速度达到一定数值时，土壤中个别细小颗粒会被冲刷松动，跟随流体一同流动。随着细小颗粒被带出，土壤孔隙增大，渗流阻力减小，流体流量继续增大，得以冲刷携带更大的土壤颗粒。长此发展下去，会形成流动空道，最终导致建筑物垮塌破坏。这种渗流冲蚀现象被称为管涌。管涌造成的溃坝如图 7-15 所示。汛期江河处于高水位，江河堤防特别是非黏性土基堤脚处极易发生管涌。

图 7-14 渗流（扬压力）原因造成的建筑物破坏　　图 7-15 管涌造成的溃坝

在石质地基中，地下水将岩层可溶性盐类溶解带出，导致地基中形成空穴，削弱地基的强度和稳定性，这种渗流造成的溶滤现象被称为化学管涌。

在黏性土基中，土颗粒被渗流冲刷携带的难度较非黏性土基高，但随着渗透压力不断升高，会出现土基内部渗透压力高于其上部土体重量的情况，此时会有部分土基隆起变形，形成破坏，诱发险情。这种局部渗流冲破现象被称为流土。

预防管涌、流土等现象，防止渗流对建筑物造成破坏，工程上关键是采取措施控制渗流速度，阻截土壤、岩石基本颗粒被冲刷带出。

7.4.2　地下水控制技术简介

地下水
控制技术

地下水控制技术是为了保证地下工程、基础工程正常施工，控制和减少地下水对工程环境的影响而采取的工程措施的总称。

基坑开挖时，流入坑内的地下水和地表水如果不及时排除，会阻碍施工正常进行，还会降低地基承载力，也会造成土壁塌方。水淹基坑如图 7-16 所示。

图 7-16　水淹基坑

地下水控制方法可以分为降水、隔水和回灌三类。各类地下水控制方法可以依据具体过程需求，单独或组合使用。

降水指通过设计和施工，排除地表水体和降低地下水水位或水头压力，满足建设工程的降水深度和时间要求的工程措施。

常见的降水施工方法有集水明排和降水井两种。集水明排如图 7-17 所示。各类降水井技术见图 7-18。

图 7-17　集水明排

隔水指隔离、阻断或减少地下水从建筑围护结构侧壁或底部进入建筑或施工作业面的工程措施。其基本原理是构建隔水帷幕，常见的施工形式有高压喷射注浆隔水帷幕、压力注浆隔水帷幕、水泥土搅拌墙、冻结法隔水帷幕、地下连续墙、咬合式排桩隔水帷幕等。隔水帷幕如图 7-19 所示。

图 7-18 各类降水井技术

图 7-19 隔水帷幕

回灌则是用人工方法通过水井、砂石坑等，或利用钻井修建补水工程，让地下水自然下渗或将地表水注入指定的地下透水层。

在地下水控制工程的实施和应用过程中，要对其控制效果及影响进行监测。地下水水位高低、总出水量、含砂量、坡顶、地面位移等指标需严密监测，以随时掌握地下水控制效果。

【思考题】

1. 什么是渗流模型？它与实际渗流有什么区别？

2. 渗透系数 k 的数值和哪些因素有关？确定渗透系数的方法有哪些？

3. 达西定律和裘皮依定律的异同点有哪些？各自的适用范围是什么？

4. 地下水无压渗流浸润线有怎样的沿程变化规律？出现壅水曲线的条件是什么？

5. 无压渗流相当于透水层中的明渠流动，试分析无压渗流和明渠流动的异同点。

【计算题】

1. 采用达西实验装置测定土样的渗透系数。圆筒直径为 20cm，两测压管间距为 40cm，测得渗流量为 100mL/min，两测压管的水头压差为 20cm，求该土样的渗透系数。

2. 如图 7-20 所示，普通完全井在厚度为 14m 的透水层中取水，抽水稳定时水位降深 4.00m，井直径为 304mm。若渗透系数 $k=10$m/d，求管井渗流量。

本章小结

思考题解答

计算题解答

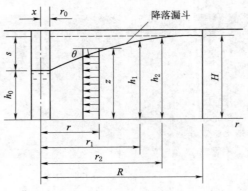

图 7-20　计算题 2 配图

3. 某工地以潜水为给水水源，由钻孔探测知透水层为加油砂粒的卵石层，厚度为 6m，经测定渗透系数 $k = 0.00116\text{m/s}$，现打一口普通完整井，井的直径为 0.3m，影响半径为 150m，当井中水位下降深度为 3.00m 时，试求该井的涌水量。

4. 如图 7-21 所示，河水水位 65.80m，距河 300m 处有一钻孔，孔中水位为 68.50m，假定不透水层为水平面，其高程为 55.00m，土壤的渗透系数 $k = 16\text{m/d}$，试求河水与钻孔间渗流的体积流量。

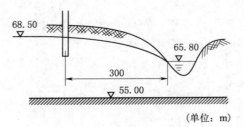

图 7-21　计算题 4 配图

5. 为了降低桥墩施工时的地下水位，半径 $r = 10\text{m}$ 的圆周上均匀布置四眼机井 1、2、3 和 4，如图 7-22 所示。各机井半径 0.1m、透水层深度 $H = 12\text{m}$、土壤渗透系数 $k = 0.001\text{m/s}$，欲使基坑中心点的水位下降 3.00m，试求①四井总抽水流量；②a 点水位降落值，已知 $r_a = 5\text{m}$。

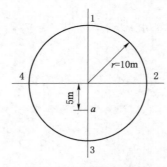

图 7-22　计算题 5 配图

第8章 结构风工程概述

单元导学

课件

风工程学主要研究大气边界层中的风与人类在地球表面的活动及其劳动成果之间的相互作用。具体地说，它包括结构风工程、车船风工程、环境风工程。结构风工程主要研究风和建筑结构的相互关系，亦称为结构风效应问题，特别是动力风效应，即风致振动问题。结构风工程主要研究对象有高层、高耸结构，大跨结构，桥梁结构，主要研究方法有随机振动分析、风洞技术、计算流体动力学、实测方法等。本章主要介绍土木建筑风载及工程标准。

8.1 自然界中的风

风是空气相对于地面的运动。太阳对地球大气加热的不均匀性，导致不同地区间产生压力差，从而产生空气流动，便形成了风。气流一遇到结构物的阻碍，就会形成高压气幕，风速越大，对结构物的压力也愈大，从而使结构物产生大的变形和振动。结构物如果抗风设计不当，或者产生过大的变形会使其不能正常地工作，或者产生局部破坏，甚至整体破坏。自然界常见的风有台风（typhoons）、飓风（hurricanes）、季风（monsoons）、龙卷风（tornadoes）等。

发生在低纬度热带洋面上的低气压或空气涡旋被统称为热带气旋。影响我国的热带气旋发生在西北太平洋面上，在我国登陆的台风占整个西北太平洋台风总数的35％。在北半球，热带气旋的风向按逆时针旋转；在南半球，热带气旋的风向按顺时针旋转。从1989年起，根据国际标准，将热带气旋分为四类：

（1）热带低压：热带气旋中心附近的最大平均风力6～7级。

（2）热带风暴：热带气旋中心附近的最大平均风力8～9级。

（3）强热带风暴：热带气旋中心附近的最大平均风力10～11级。

（4）台风（飓风）：热带气旋中心附近的最大平均风力12级或以上。

在2000年以前，按年份和出现次数对热带气旋编号，如9914号为福建省厦门—龙海台风，代表1999年第14号台风。从2000年起，根据世界气象组织下设的台风委员会的决定，对西北太平洋及南中国海地区的台风名称命名分别由台风委员会的14个成员（包括中国、柬埔寨、朝鲜、中国香港、日本、老挝、中国澳门、马来西亚、菲律宾、韩国、新加坡、泰国、越南和美国）提供，每个成员和地区分别征集10个名字。

　　需要说明的是，出现在西北太平洋和我国南海的强热带气旋被称为台风，而发生在大西洋，加勒比海和北太平洋东部的强烈热带气旋则被称为飓风，这仅仅是名称上的不同，两者实质是一样的。

　　台风是一个大而强的空气涡旋，平均半径 600～1000km，从台风中心向外依次是台风眼、眼壁，再向外便是几十至几千千米长的螺旋云带，如图 8-1 所示。台风带来的灾害有狂风的摧毁力、强暴雨引起的水灾和巨浪暴潮的冲击力，台风主要对我国东南沿海影响较大。当然，台风在危害人类的同时，也在保护人类。台风给人类送来了淡水资源，大大缓解了全球水荒。一次中小规模的台风，登陆时可带来约 30 亿 t 的降水。另外，台风还使世界各地冷热保持相对均衡。赤道地区气候炎热，若不是台风驱散这些热量，热带会更热，寒带会更冷，温带也会从地球上消失。

　　季节性的风被称为季风。由于周围热力的原因，冬季形成大陆高压，夏季形成大陆低压。因为亚洲大陆陆地辽阔，所以受季风的影响也格外强烈。

图 8-1　台风

　　龙卷风是一种剧烈的大气涡旋，其直径在 300m 左右，是在强雷雨中形成的，如图 8-2 所示。龙卷风的活动区域极广，几乎遍及全球，在我国主要出现在长江三角洲和华南。龙卷风移动的平均速度为 15m/s，最快可以到 70m/s，移动长度大多在 10km 左右。

　　英国人蒲福（F. Beaufort）于 1805 年拟定了风级，根据风对地面（或海面）物体的影响程度而定，被称为蒲福风级，见表 8-1。由于最初根据风对地面（或海面）物体的影响程度比较笼统，后来逐渐以风速的范围来表示风级，几经修改，自 0～12 共分为 13 个等级，自 1946 年以来，风力等级又做了进一步修改。2001 年我国气象局发布《台风业务和服务规定》，以蒲福风力等级将 12 级以上台风补充到 17 级，13～17 级分别对应的是台风的风级。

图 8-2　龙卷风

表 8-1　　　　　　　　　　　蒲 福 风 力 等 级

风级	名　称	风速/(m/s)	陆地现象	海面波浪	浪高/m
0	无风	0.0～0.2	烟直上	平静	0.0
1	软风	0.3～1.5	烟示风向	微波风无飞沫	0.1
2	轻风	1.6～3.3	感觉有风	小波峰未破碎	0.2
3	微风	3.4～5.4	旌旗展开	小波峰顶破碎	0.6
4	和风	5.5～7.9	吹风尘起	小浪白沫波峰	1.0
5	劲风	8.0～10.7	小树摇摆	中浪折沫峰群	2.0
6	强风	10.8～13.8	电线有声	白沫离峰	3.0
7	疾风	13.9～17.1	步行困难	破峰白沫成条	4.0
8	大风	17.2～20.7	折毁树枝	浪长高有浪花	5.5
9	烈风	20.8～24.4	小毁房屋	浪峰倒卷	7.0
10	狂风	24.5～28.4	拔起树木	海浪翻滚咆哮	9.0
11	暴风	28.5～32.6	损毁普遍	波峰全呈白沫	11.5
12	飓风	＞32.7	摧毁巨大	海浪滔天	14.0

8.2　结　构　风　灾

　　自然界的风可分为异常风和良态风。很少出现的风例如龙卷风等，被称为异常风，不属于异常风的则被称为良态风。风灾毁坏的建筑物如图 8-3 所示。

（a）台风"海棠"登陆

（b）台风"卡努"

（c）飓风"伊万"

（d）飓风"卡特里娜"

图 8-3　风灾毁坏的建筑物

　　风对结构物的作用，是使结构物产生振动，依据振动产生的不同机理可划分为以下几种：一是与风向一致的风力作用，包括平均风和脉动风，其中脉动风引起结构物的顺风向振动，这种形式的振动在一般工程结构中都要考虑；二是结构物背后的旋涡引起结构物横风向的振动，对烟囱、高层建筑等一些自立式细长柱结构物，特别是圆形截面结构物，都不可忽视这种形式的振动；三是由其他建筑物尾流中的气流引起的振动；此外，还有空气负阻尼引起的横向失稳式振动。

　　风对结构的作用会产生以下结果：使结构物或结构构件受到过大的风力而不稳定；使结构物或结构构件产生过大的挠度或变形，引起外墙、外装饰材料的损坏；反复的风振作用引起结构物或结构构件的疲劳损坏；气动弹性的不稳定致使结构物在风力作用下产生加剧的气动力；过大的动态运动使结构物内的居住者或有关人员产生不舒适感。

　　风对结构物作用的荷载，是各种工程结构考虑的重要设计荷载。风荷载对于高耸结构、高层房屋、桥梁、起重机、冷却塔、输电线塔、屋盖等高、细、长、大结构常常起着决定性的控制作用。

8.3　大气边界层风场特性

8.3.1　大气边界层

　　地球表面遍布各种粗糙元，如草、沙粒、庄稼、树木、房屋等，都会使大气流动受阻，这种摩擦阻力由于大气中的湍流而向上传递，并随高度的增加而逐渐减弱，达到某一高度后便可忽略，此高度被称为大气边界层厚度，它随气象条件、地形、地面粗糙度而变化，大致为 $300\sim600\mathrm{m}$，在边界层以上的大气称为自由大气，

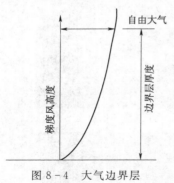

图 8-4　大气边界层

大气边界层如图 8-4 所示。大气边界层内近地层的气流是湍流，湍流掺混使地表阻力的影响扩展到大气边界层的整个区域。在大气层内，风以不规则的、随机的湍流形式运动，平均风速随高度的增加而增加，至大气层顶部达到最大，相应的风速称为梯度风速 V_G，相应的高度称为梯度风高度 z_G。在大气边界层以外，风的流动是层流的，基本上是沿等压线以梯度风速流动。大气边界层风的状况是土木工程结构设计者最为关心的。

8.3.2　平均风特性

　　平均风的空间特征主要表现为不同地貌下风速的平均值随高度的变化规律，描述这种变化规律的函数和图线被称为风速廓线或风剖面，平均风剖面通常采用指数律或对数律来表达。平均风剖面是气象学研究风速变化的一种主要方法。目前，气象学家认为用对数律表示大气底层风速廓线比较理想，其表达式为

$$\overline{V}(z') = \frac{1}{\kappa}u^* \ln \frac{z'}{z_0} \qquad (8-1)$$

式中　$\overline{V}(z')$——大气边界层内 z' 高度处的平均风速；

　　　　u^*——摩擦速度或流动剪切速度；

　　　　κ——卡曼常数，$\kappa \approx 0.4$；

　　　　z_0——地面粗糙长度；

　　　　z'——有效高度，$z' = z - z_d$，其中 z_d 为零平均位移，z 为离地面高度。

在研究早期，对于平均地形的平均风速廓线一直采用 1916 年 G. Hellman 提出的指数规律，后来由 A. G. Davenport 根据多次观测资料整理出不同地面的风剖面，并提出平均风速沿高度变化的规律可用指数函数描述，即

$$\frac{\overline{V}(z)}{\overline{V}_b} = \left(\frac{z}{z_b}\right)^\alpha \qquad (8-2)$$

式中　z——任一离地面高度，m；

　　　　z_b——标准参考高度，我国规定取为 10m；

　　　　$\overline{V}$——任一高度处对应的平均风速，m/s；

　　　　$\overline{V}_b$——标准参考高度对应的平均风速，m/s；

　　　　α——地面粗糙度指数，在梯度风高度 z_G 内保持不变。

在土木工程设计和计算中，一般采用指数律，这是由于指数律比对数律计算简便，而且两者差别不太明显。在我国的建筑结构荷载规范中也是采用指数律。

在大气边界层中，越接近于地面，风速越小，只有大约在 500m 以上的高度，风速才不受地面粗糙度的影响，可自由流动，达到梯度风速 V_G。我国地面粗糙度类别和对应的值见表 8-2。

表 8-2　　　　　　　　　　　我国地面粗糙度类别和对应的值

地面粗糙度类别	描　述	z_G/m	α
A	近海海面、海岛、海岸及沙漠地区	300	0.12
B	田野、乡村、丛林、丘陵及房屋比较稀疏的乡镇	350	0.16
C	有密集建筑群的城市市区	400	0.22
D	有密集建筑群且房屋较高的城市市区	450	0.30

▲思考——除空间特性外，平均风还包含哪些特性？

时间特性和统计特性。平均风是大气边界层中自然风按一定时距进行平均所得到的值，故其值大小取决于所取的平均时距。随着平均时距的缩短对应于该时距的平均风速将增大，反之平均风速将减小。平均时距的选取有两层含义：结构物具有一定的空间尺度，最大瞬时风速不可能同时在全部尺度上发生，选用一定的平均时距可以在时间上间接反映风速的空间平均值；结构物都具有一定的刚度和阻尼，风的静力作用或动力作用造成影响需要一定的能量。

平均风的统计特性可以通过最大风速重现期和最大风速概率分布得出，以确定某地区的最大设计风速。在工程中，不能直接选取各年最大平均风速的平均值进行设计，而应该取大于平均值的某一风速作为设计依据。从概率的角度分析，在间隔一段时间后，会出现大于某一风速的年最大平均风速，该时间间隔称为最大风速重现期。在确定最大风速重现期后，还需要知道年最大风速的统计曲线函数，即概率密度函数或概率分布函数。一般地，我们所研究的对象是良性气候，对于这种气候，我们可以认为年最大风速的每一个数据都对样本的概率特性起作用。把年最大风速作为概率统计的样本，由最大风速重现期和最大风速概率分布获得该地区的设计最大风速，又称为基本风速。

8.3.3　脉动风特性

脉动风反映了大气边界层中自然风的湍流特性，风速的脉动特性对工程结构的作用十分重要，主要包括刚性结构受到脉动风速所产生的阵风荷载，柔性结构在脉动风速作用下会发生动力响应，结构的空气动力特性会受到气流脉动的影响。

描述脉动风统计特征的参数可以分为能量特征参数（湍流度、脉动风功率谱）和空间特征参数（湍流积分尺寸、空间相关性）。脉动风功率谱（power spectra）表现了脉动风能量在整个频率范围内的分布特征，需由强风观测记录得出，一般有两种方法：①通过超低频滤波器，直接测出风速的功率谱曲线；②经过相关性分析，获得风速的相关曲线，建立相关函数的数学表达式，然后通过傅立叶变换得到功率谱。

结构风工程中常用的脉动风功率谱可分为纵向风谱、横向风谱和竖直向风谱。纵向脉动风谱中比较重要的有 Davenport 谱、Kaimal（Simiu）谱、Hino 谱。Davenport 谱与高度无关，是大气边界层顺风向脉动风谱的近似表达式，也是目前应用最多的脉动风谱。

8.4　结　构　风　荷　载

8.4.1　流线体与钝体绕流特征

结构本身在风中会引起局部湍流，又称特征湍流，流线体与钝体有所不同，两者如图 8-5 所示。

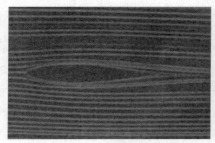

图 8-5　流线体与钝体绕流

　　流线体是前圆后尖，表面光滑，略像水滴的形状。具有这种形状的物体在流体中运动时所受到的阻力最小，因此汽车、火车、飞机、潜水艇等的外形常被做成流线型。流体的流动在流线型物体表面主要表现为层流，没有或很少有湍流，这保证了物体受到较小的阻力。

　　在流体力学中，钝体就是非流线体，钝体有较大的甚至压倒优势的压差阻力。由于压差阻力的大小与物体的形状有很大关系，因此，压差阻力又被称为形状阻力。

　　边界层（boundary layer）亦称附面层。当黏性流体沿物体表面流动时，在接触面上沿切向的相对速度等于零。空气的黏性系数虽然很小，但它也能通过黏性效应阻滞或减慢靠近物体表面的薄层空气的流动速度。这个靠近物体表面的、流动受到阻滞并产生很大速度梯度的区域称为边界层或附面层，如图 8-6 所示。在实际应用中规定速度从固体壁面沿外法线方向达到势流速度 U_∞ 的 99% 处的距离为边界层的厚度，用 δ 表示，边界层分为层流边界层、过渡边界层和紊流边界层。

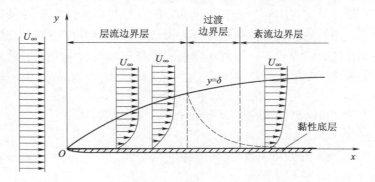

图 8-6　边界层

边界层
及其特性

　　边界层的分离与压力梯度有关，当存在顺压梯度和较小的逆压梯度时，边界层不会发生分离（流线体）；当存在顺压梯度和较大的逆压梯度时边界层发生分离（钝体），顺压梯度和逆压梯度如图 8-7 所示。

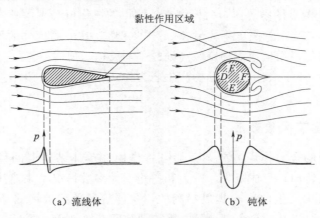

图 8-7　顺压梯度和逆压梯度

　　边界层分离如图 8-8 所示，在势流流动中流体质点从 D 到 E 是加速的，为顺

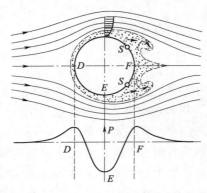

图 8-8　边界层分离

物体的阻力与减阻

压强梯度；从 E 到 F 则是减速的，为逆压强梯度。流体质点由 D 到 E 的过程，由于流体压能向动能的转变，不发生边界层分离，E 到 F 段动能只存在损耗，速度减小很快，在 S 点处出现黏滞，由于压力的升高产生回流导致边界层分离，并形成尾涡。边界层的分离是产生绕流阻力的主要原因。

8.4.2　结构风荷载计算

一般来说，在现场实测得到的物理量是风速，但工程设计中则采用风压（或风力）进行计算，这就需要将风速转换为风压。现有的建筑物多属于钝体结构，气流遇到建筑物产生分离，使建筑物周围的气流发生改变，因此作用在建筑物上的风压受到结构体型的影响。作用在建筑物上的风压可分为沿法线和切线方向的两个分量，由于空气的黏性很小，抗剪能力较差，因此通常起主要作用的是法向分量。垂直于建筑物表面上的平均风荷载标准值可以表示为

$$w_{cz} = \mu_s \mu_z w_0 \tag{8-3}$$

式中　w_{cz}——平均风荷载标准值，kN/m^2；

w_0——基本风压，kN/m^2；

μ_z——风压高度变化系数；

μ_s——风荷载体型系数。

μ_s 可以表示为

$$\mu_s = \frac{\sum \mu_{si} A_i}{A} \tag{8-4}$$

式中　μ_{si}——第 i 个测点的风压力系数，$\mu_{si} = w_i/(\rho \overline{V}^2/2)$；其中 ρ 为空气质量密度，w_i 为第 i 个测点的净风压，为该测点处测得的风压值与上游参考高度处静压值之差，kN/m^2，$\overline{V}$ 为参考高度平均风速 m/s，一般为 10m 高度处的平均风速，也可采用建筑物顶部的平均风速或梯度风高处的平均风速，但需换算。

体型系数为正时，表示风对结构产生压力作用；为负时，表示风对结构产生吸力作用。

8.4.3　高层建筑风致效应

按照气动力的合力作用方向，一般可将作用在单体结构上的风荷载分为顺风向、横风向和扭转向，形成阻力、升力和扭矩。大多数情况下来流风垂直于建筑物的某一面时对结构产生的影响是最不利的，我国规范并没有考虑不同风向角的影响。顺风向效应可以从两个角度分析：平均风作用可作为静力看待，因而可在平均风作用下，对结构进行静力计算而得到；脉动风是动态的，需对结构进行动力分析，且脉动风是随机的，因而应按随机振动理论进行分析。

从风工程发展的历史来看，对横风向风荷载的研究比顺风向要晚，横风向振动机理比较复杂，故迄今尚无公认有效的横风向风荷载及其风致响应计算体系。一般认为横风向风荷载是尾流激励、紊流激励、气弹激励等机制共同作用的结果，其中，与建筑形状、地貌特性密切相关的尾流激励起主要作用。

尾流激励是当气流流经建筑物时，由于流动分离、漩涡形成及破碎，加上气流本身的湍流特性，使建筑物背风区所产生的尾流呈现不同程度的周期性，从具有单一频率的周期性变化到完全紊乱的湍流。在任一给定时刻，尾流都是不对称的，这种不对称的尾流将在建筑物上诱发产生较大幅度的横风向振动。超高层建筑的横风向响应通常大于顺风向响应，甚至可达顺风向响应的 3~4 倍，横风向风致效应常常是超高层建筑结构设计中的决定性控制因素。

⋏思考——如何抑制涡激振动？

机械措施：增加结构阻尼。

气动措施：调整建筑物几何外形或设置一些导流装置。

8.4.4 大跨度屋盖结构风致效应

一般认为跨度超过 60m 的刚性屋盖或超过 36m 的柔性屋盖即为大跨度屋盖，多用于机场航站楼、会展中心、体育场馆等大型公共建筑中。悬挑屋盖如图 8-9 所示，其风荷载作用机制不仅与来流风特性有关，还会显著受到特征湍流的影响。

大跨度结构振型密集，风振响应多振型参与，其研究的核心难点在于其自身的复杂性。大跨度结构风致效应主要包括围护结构连续破坏行为、刚性空间结构动力的时变行为、柔性空间结构气动耦合效应。

刚性结构有刚架结构、网壳结构、网架结构等，在强/台风荷载作

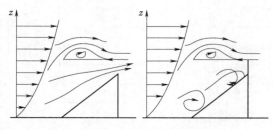

图 8-9 悬挑屋盖

用下，刚性结构的风振响应通常处于弹性工作范围内，整体结构发生失效、倒塌的几率非常小；然而，由于风荷载是一种随机动力荷载，结构构件在风荷载的长期作用下发生疲劳累积损伤，构件发生疲劳破坏导致整体结构失效、倒塌的可能性更大一些。

柔性结构有悬索结构、张拉膜结构，在风荷载作用下结构的动力效应包括几何非线性效应、材料非线性效应和流固耦合效应，其中流固耦合效应是柔性空间结构动力灾变过程中需要研究解决的一个关键效应。

8.5 建筑结构荷载规范

《建筑结构荷载规范》（GB 50009—2019）对风荷载的部分相关规定为：

1. 风荷载标准值及基本风压

全国各城市的基本风压值应按规范重现期 $R = 50$ 年的值采用，但不得小于 0.3kN/m^2。对于高层建筑、高耸结构以及对风荷载比较敏感的其他结构，基本风压的取值应适当提高，并应符合有关结构设计规范的规定。

当城市或建设地点的基本风压值在规范中没有给出时，根据基本风压的定义和当地年最大风速资料，通过统计分析确定，分析时应考虑样本数量的影响。当地没有风速资料时，可根据附近地区规定的基本风压或长期资料，通过气象和地形条件的对比分析确定，也可比照规范中基本风压分布图近似确定。

风荷载的组合值系数、频域值系数和准永久值系数可分别取 0.6、0.4 和 0.0。

2. 风压高度变化系数

对于平坦或稍有起伏的地形，风压高度变化系数应根据地面粗糙度类别确定。地面粗糙度可分为 A、B、C、D 四类：A 类指近海海面和海岛、海岸、湖岸及沙漠地区；B 类指田野、乡村、丛林、丘陵以及房屋比较稀疏的乡镇；C 类指有密集建筑群的城市市区；D 类指有密集建筑群且房屋较高的城市市区。风压高度变化系数表见表 8-3。

表 8-3　　　　　　　　　　　风压高度变化系数表

离地面或海平面 高度/m	地 面 粗 糙 度 类 别			
	A	B	C	D
5	1.09	1.00	0.65	0.51
10	1.28	1.00	0.65	0.51
15	1.42	1.13	0.65	0.51
20	1.52	1.23	0.74	0.51
30	1.67	1.39	0.88	0.51
40	1.79	1.52	1.00	0.60
50	1.89	1.62	1.10	0.69
60	1.97	1.71	1.20	0.77
70	2.05	1.79	1.28	0.84
80	2.12	1.87	1.36	0.91
90	2.18	1.93	1.43	0.98
100	2.23	2.00	1.50	1.04
150	2.46	2.25	1.79	1.33
200	2.64	2.46	2.03	1.58
250	2.78	2.63	2.24	1.81
300	2.91	2.77	2.43	2.02
350	2.91	2.91	2.60	2.22
400	2.91	2.91	2.76	2.40
450	2.91	2.91	2.91	2.58
500	2.91	2.91	2.91	2.74
≥550	2.91	2.91	2.91	2.91

3. 风荷载体型系数

按照 GB 50009—2019 选取房屋和构筑物的风荷载体型系数，对于重要且体型复杂的房屋和构筑物，应由风洞实验确定。当多个建筑物特别是群集的高层建筑，相互间距较近时，宜考虑风力相互干扰的群体效应；风荷载体型系数一般可由单独建筑物的体型系数 u_s 乘以相互干扰系数得到。相互干扰系数可按下列规定确定：

（1）对矩形平面高层建筑，当单个施扰建筑与受扰建筑高度相近时，根据施扰建筑的位置，对顺风向风荷载可在 1.00～1.10 范围内选取，对横风向风荷载可在 1.00～1.20 范围内选取。

（2）其他情况可比照类似条件的风洞实验资料确定，必要时宜通过风洞实验确定。

4. 顺风向风振和风振系数

对于高度大于 30m 且高宽比大于 1.5 的房屋，以及基本自振周期 T 大于 0.25s 的各种高耸结构，应考虑风压脉动对结构产生顺风向风振的影响，顺风向风振响应计算应按结构随机振动理论进行。对于符合规范规定的结构，可采用风振系数法计算其顺风向风荷载。

对于风敏感的或跨度大于 36m 的柔性屋盖结构，应考虑风压脉动对结构产生风振的影响。屋盖结构的风振响应，宜依据风洞实验结果按随机振动理论计算确定。

5. 横风向和扭转风振

对于横风向风振效应明显的高层建筑以及细长圆形截面构筑物，宜考虑横风向风振的影响。

横风向风振的等效风荷载可按下列规定采用：

（1）对于平面或立面体型较复杂的高层建筑和高耸结构，横风向风振的等效风荷载 w_{Lk} 宜通过风洞实验确定，也可比照有关资料确定。

（2）对于圆形截面的高层建筑及构筑物，其由跨临界强风共振（旋涡脱落）引起的横风向风振等效风荷载 w_{Lk} 可按规范确定。

（3）对于矩形截面及凹角或削角矩形截面的高层建筑，其横风向风振等效风荷载 w_{Lk} 可按规范确定。

对圆形截面的结构，应按下列规定对不同雷诺数的情况进行横风向风振（旋涡脱落）的校核：

（1）当 $Re < 3 \times 10^5$ 且结构顶部风速 V_H 大于临界风速 V_{cr} 时，可发生亚临界的微风共振。此时，可在构造上采取防振措施，或使控制结构的临界风速 V_{cr} 不小于 15m/s。

（2）当 $Re \geqslant 3.5 \times 10^6$ 且结构顶部风速 V_H 的 1.2 倍大于 V_{cr} 时，可发生跨临界的强风共振，此时应考虑横风向风振的等效风荷载。

（3）当雷诺数满足 $3.5 \times 10^5 \leqslant Re < 3.5 \times 10^6$ 时，则发生超临界范围的风振，可不作处理。

（4）雷诺数 Re 可按下式确定

$$Re = 69000VD \qquad (8-5)$$

式中 V——计算所用风速，可取临界风速值 V_{cr}；

$\quad\quad D$——结构截面的直径，m，当结构的截面沿高度缩小时（倾斜度不大于 0.02），可近似取 2/3 结构高度处的直径。

临界风速 V_{cr} 和结构顶部风速 V_H 可表示为

$$V_{cr} = \frac{D}{T_i St} \tag{8-6}$$

$$V_H = \sqrt{\frac{2000\mu_H w_0}{\rho}} \tag{8-7}$$

式中 T_i——结构第 i 振型的自振周期，验算亚临界微风共振时取基本自振周期 T_1；

$\quad\quad St$——斯特劳哈尔数，对圆截面结构取 0.2；

$\quad\quad \mu_H$——结构顶部风压高度变化系数；

$\quad\quad w_0$——基本风压，kN/m^2；

$\quad\quad \rho$——空气密度，kg/m^3。

对于扭转风振作用效应明显的高层建筑及高耸结构，宜考虑扭转风振的影响。扭转风振等效风荷载可按下列规定采用：

（1）对于体型较复杂以及质量或刚度有显著偏心的高层建筑，扭转风振等效风荷载 w_{Tk} 宜通过风洞实验确定，也可比照有关资料确定。

（2）对于质量和刚度较对称的矩形截面高层建筑，其扭转风振等效风荷载 w_{Tk} 可按规范确定。

本章小结

思考题解答

【思考题】

1. 简述风形成的原因。

2. 列举你家乡所在地区发生过的风灾害事件。

3. 如何获得某地区的设计最大风速？

4. 压力系数与体型系数的关系是什么？

5. 什么是尾流激励？对建筑物有何影响？

6. 边界层的定义是什么？有哪些特征？

7. 边界层的分离现象是如何产生的？

第 9 章　计算流体力学简介

单元导学

课件

计算流体力学（computational fluid dynamics，简称 CFD）是随着计算机的发展而产生的一个介于数学、流体力学和计算机之间的交叉学科，主要研究内容是通过计算机和数值方法来求解流体力学的控制方程，对流体力学问题进行模拟和分析。

流体运动的复杂性主要表现为控制方程的高度非线性和流动区域几何形状的复杂性等，导致对绝大多数流动问题无法得到解析解。自 20 世纪 60 年代后期以来，随着计算机技术和性能的提高，计算流体力学发展迅速，逐渐成为一门独立学科。

实验研究借助各种先进仪器，给出多种复杂流动的准确、可靠的观测结果，这些结果对于研究流动机理、设计与流体运动有关的机械和飞行器具有不可替代的作用。但实验研究费用高昂，周期很长，有些流动条件难以通过实验手段来模拟。理论研究可以给出具有一定适用范围的、简洁明了的解析解或近似解析解，这些解析解对于分析流动的机理和预测流动随参数的变化非常有用，但是只能研究简单的流动问题，能够得到解析解的流动问题为数不多，远远不能满足工程设计的需要。而计算流体力学利用高速电子计算机，克服了理论研究和实验研究的缺点，深化了对于流体运动规律的认识并提高了解决工程实际问题的能力。原则上可以研究流体在任何条件下的运动，使得我们研究流体运动的范围和能力都有了本质的扩大和提高。

9.1　数 值 模 拟 过 程

计算流体力学的任务就是流体力学的数值模拟。数值模拟是在计算机上实现的一个特定计算，通过数值计算和图像显示履行一个虚拟的物理实验。数值模拟依靠电子计算机，结合有限元或有限容积的概念，通过数值计算和图像显示的方法，达到对工程问题和物理问题乃至自然界各类问题研究的目的。

9.1.1　数值模拟的步骤

1. 建立数学模型
在深入分析实际问题需求、明确物理模型的基础上，建立数学模型，即构建反映各物理量之间关系的微分方程及相应的定解条件，这是数值模拟的出发点。描述流体流动各物理量间关系的方程，即控制方程，通常包括连续性方程、运动方程和能量方程。定解条件则指相关物理量模拟起始时刻的状况（初始条件）和物理量在模拟边界上的变化情况（边界条件）的描述。

2. 离散化

建立针对控制方程的数值离散化方法，如有限差分法、有限元法、有限体积法等。这里，离散化不仅包括微分方程的离散化方法及求解方法，还包括计算网格与边界条件等的离散处理。离散化是计算流体力学的学科基础。

3. 编制程序进行计算

数学模型离散化后，如何求解是编制程序的主要任务。在求解过程中如何做到准确、高效是极为重要的问题，但这并不容易。一方面有赖于计算理论和求解器技术的不断发展进步，另外在计算过程中对求解器参数调节等方面要注意技巧。特别是非线性偏微分方程数值解的现有理论并不充分，还没有完整的、严格的稳定性分析、误差估计和收敛性证明。因此，在其计算过程中一定要小心验证、反复考量。

4. 显示计算结果

方程离散化后会产生大量结果数据。成千上万这一成语远远不足以真实反映计算流体力学中的数据量，土木工程领域数值计算涉及的网格数量，常常是以百万计、千万计的。随着人们研究的流动问题日益深入和复杂，计算结果也更加纷繁浩瀚。一些使用超级计算机计算的案例，如港珠澳大桥沉箱计算，涉及的数据量更是惊人。因此处理好离散化计算结果，以恰当的图形或图像方式展现出来，才能有效判断结果的正确性，进而得出结论和获取需要的数据。

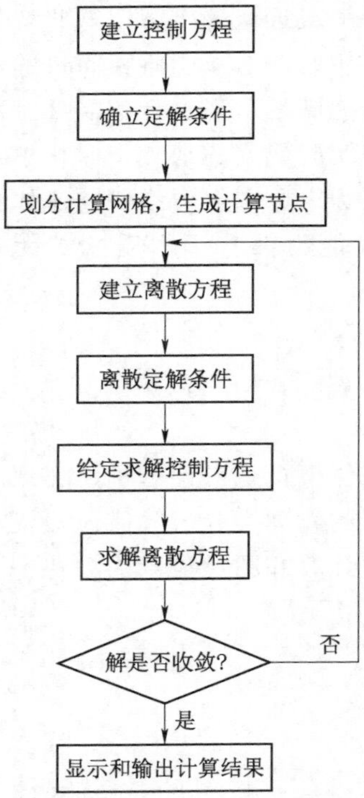

综上所述，数值模拟过程即为数学模型离散化求解、后处理的过程，如图 9-1 所示。注意，图 9-1 给出的是恒定流动问题数值计算的一个完整过程。对于非恒定流动问题，则该图可理解为一个时间步长的计算过程，然后再循环这一过程求解下一个时间步长的变量值。

9.1.2 离散化

流动控制方程通常是一组由函数变量及其一阶和二阶导数构成的非线性微分方程组。除少数几种简单情况外，一般无法得到它们的解析解，而只能求助于数值解。

数值求解并不去寻求待求变量的连续函数表达式，而是像实验测量一样只把注意力集中在计算域内有限个离散点上，计算那里的变量值。这种把连续的待求变量处理成离散结点值的数学方法叫作离散化方法。待求变量离散化以后再引入各结点变量

图 9-1 数值模拟过程

之间相互联系的某种假设，代入控制微分方程就能得到一组由结点变量组成的代数方程式，被称之为离散方程。离散方程应与原微分方程有同样的物理内容和基本性质，因此求解离散代数方程就能得到结点上的变量值。

虽然推导离散方程时引入结点变量相互联系的规律是人为假设的，但是当结点数目很大时，结点变量已接近连续变化，则联系规律的假设已无关紧要，在结点上离散方程的解将足够地接近于微分方程精确解的值。

结点变量的联系规律一般用联系几个、多个甚至全部结点变量的代数多项式来表示。联系结点的数目过多会使代数式阶数过高而不便于求解。因此更多的是采用变量分段分布的方法，将整个计算区域划分成若干分段，每个分段中的结点用一个代数式联系起来。在这种情况下，离散的概念就不仅指将连续的函数变量离散成有限个结点值，还意味着把完整的计算区域离散成有限个子区域。

对于同一个微分方程利用不同的离散方法、离散结点函数联系关系式和不同的推导方法将得到不同的离散方程，但是当结点数量足够多时，任何正确的离散方程给出的解都应该趋向且收敛于微分方程的严格解。

经过半个世纪的发展，目前形成了多种计算流体力学的数值解法。这些方法之间的主要区别在于对控制方程的离散方式。广泛应用的有以下 3 种解法：

1. 有限差分法（Finite Difference Method，FDM）

有限差分法是应用最早、最经典的数值方法，它将求解域划分为差分网格。用有限个网格节点代替连续的求解域，然后将偏微分方程的导数用差商代替，推导出含有离散点上有限个未知数的差分方程组。再求解差分方程组，即微分方程定解问题的数值近似解。它是一种直接将微分问题变为代数问题的近似数值解法。

2. 有限元法（Finite Element Method，FEM）

有限元法是 20 世纪 80 年代开始应用的一种数值解法，采用了变分计算中"选择逼近函数对区域进行积分"的方法。

3. 有限体积法（Finite Volume Method，FVM）

有限体积法，又称为有限容积法，是将计算区域划分为一系列控制体积，每个控制体积都有一个节点作代表。将守恒型的控制方程对每一个控制体积积分得出离散方程。它的关键是在导出离散方程的过程中，需要对界面上的被求函数本身及其导数的分布做出某种形式的假定。用它导出的离散方程可以保证具有守恒特性，而且离散方程系数物理意义明确，计算量相对较小。

9.2 湍流数值模拟方法

数值模拟方法可以分为直接数值模拟方法和非直接数值模拟方法。直接数值模拟方法是指求解瞬时流体流动控制方程，只是，直接求解瞬时流体流动方程是异常困难的。

非直接数值模拟方法，即不直接计算流体湍流的脉动特性，而是设法对湍流做某种程度的近似和简化处理。非直接数值模拟方法包括雷诺平均法、大涡模拟方法和分离涡模拟方法。

9.2.1　雷诺平均模拟方法

雷诺平均模拟方法（reynolds – averaged navier – stokes equations，RANS）是目前使用最广泛的数值模拟方法。

为了分析脉动的影响，定义湍流运动由两个流动叠加而成：一是时间平均流动，二是瞬时脉动流动。物理量的瞬时值 ϕ、时均值 $\overline{\phi}$ 及脉动值 ϕ' 之间的关系为

$$\phi = \overline{\phi} + \phi' \tag{9-1}$$

任意变量 ϕ 的时间平均值定义为

$$\overline{\phi} = \frac{1}{\Delta t}\int_{t}^{t+\Delta t} \phi(t)\,\mathrm{d}t$$

将式（9-1）代入湍流控制方程，即对非稳态控制方程作时间平均，得出时均物理量的控制方程中包含的脉动量乘积的时均值等未知量，这就是雷诺时均方程。雷诺时均的方程组为

$$\frac{\partial(\rho\,\overline{u_i})}{\partial t} + \frac{\partial(\rho\,\overline{u_i}\,\overline{u_j})}{\partial x_j} = -\frac{\partial\overline{p}}{\partial x_i} + \frac{\partial}{\partial x_j}\left(\eta\frac{\partial\overline{u_i}}{\partial x_j} - \rho\,\overline{u_i'\,u_j'}\right) \quad (i=1,2,3) \tag{9-2}$$

$$\frac{\partial(\rho\,\overline{\phi})}{\partial t} + \frac{\partial(\rho\,\overline{u_j}\overline{\phi})}{\partial x_j} = \frac{\partial}{\partial x_j}\left(\Gamma\frac{\partial\overline{\phi}}{\partial x_j} - \rho\,\overline{u_j'\,\phi'}\right) + S \quad (i=1,2,3) \tag{9-3}$$

式中　η——分子扩散所造成的动力黏性。

时均方程中包含脉动值的附加项 $-\rho\,\overline{u_i'\,u_j'}$ 称为雷诺应力 $\tau_{i,j}$，即定义雷诺应力 $\tau_{ij} = -\rho\,\overline{u_i'\,u_j'}$。

雷诺时均方程组中的未知量多于方程数，为使方程组封闭，必须找出确定这些附加项的关系式，且关系式中不能再引入新的未知量，这些附加项关系式须表明由于湍流脉动引起的能量转移，湍流模型就是把湍流脉动值附加项与时均值联系起来的特定关系式。

根据对雷诺应力处理方式的不同，目前采用雷诺平均模拟方法（RANS）的湍流模型可分为雷诺应力模型和涡粘模型两大类。

雷诺应力模型的求解过程是直接构建表示雷诺应力的补充方程，然后联立求解湍流时均运动控制方程组及新建立的雷诺应力补充方程。通常情况下，雷诺应力方程是微分形式的，也可将微分形式的雷诺应力方程简化为代数形式。

涡粘模型则是把湍流应力表示成湍流黏性系数的函数，湍流脉动所造成的附加应力也同时均应变率关联起来，湍流脉动产生的应力可以表示为

$$\tau_{i,j} = -\rho\,\overline{u_i'\,u_j'} = -p_t\delta_{i,j} + \eta_t\left(\frac{\partial u_i}{\partial x_j} + \frac{\partial u_j}{\partial x_i}\right) - \frac{2}{3}\eta_t\delta_{i,j}\mathrm{div}\boldsymbol{V}$$

其中，η_t 为湍流黏性系数，是空间坐标的函数，取决于流动状态，根据确定 η_t 的微分方程数目的多少，可以将湍流模型分为零方程模型、一方程模型及两方程模型等，使用范围最为广泛的是 $k\text{-}\varepsilon$ 两方程模型。

采用 $k-\varepsilon$ 两方程模型时，湍流黏性系数 η_t 可以表示为

$$\eta_t = c'_\mu \rho k^{1/2} l = c_\mu \rho k^2 / \varepsilon \qquad (9-4)$$

式（9-4）中 k 为湍动能，ε 为湍动能耗散率，表达式分别为

$$k = \frac{1}{2}(\overline{u'^2} + \overline{v'^2} + \overline{w'^2}) \qquad (9-5)$$

$$\varepsilon = \nu \overline{\left(\frac{\partial u'_i}{\partial x_k}\right)\left(\frac{\partial u'_i}{\partial x_k}\right)} = c_D \frac{k^{3/2}}{l} \qquad (9-6)$$

式中 c_D——经验常数；

c_μ——湍动能耗散率，$c_\mu = c'_\mu c_D$。

k 方程和 ε 方程的表达式分别为

$$\rho\frac{\partial \varepsilon}{\partial t} + \rho u_k \frac{\partial \varepsilon}{\partial x_k} = \frac{\partial}{\partial x_k}\left[\left(\eta + \frac{\eta_t}{\sigma_\varepsilon}\right)\frac{\partial \varepsilon}{\partial x_k}\right] + \frac{c_1 \varepsilon}{k}\eta_t\frac{\partial u_i}{\partial x_j}\left(\frac{\partial u_i}{\partial x_j} + \frac{\partial u_j}{\partial x_i}\right) - c_2\rho\frac{\varepsilon^2}{k} \qquad (9-7)$$

$$\rho\frac{\partial k}{\partial t} + \rho u_j \frac{\partial k}{\partial x_j} = \frac{\partial}{\partial x_j}\left[\left(\eta + \frac{\eta_t}{\sigma_k}\right)\frac{\partial k}{\partial x_j}\right] + \eta_t\frac{\partial u_i}{\partial x_j}\left(\frac{\partial u_i}{\partial x_j} + \frac{\partial u_j}{\partial x_i}\right) - \rho\varepsilon \qquad (9-8)$$

k 方程、ε 方程与连续性方程、动量守恒方程、能量守恒方程、湍流黏性系数 η_t 表达式共 6 个方程组成封闭方程组，则湍流流动问题可求解。

上述内容为标准的 $k-\varepsilon$ 湍流模型，此模型广泛应用于各类工程实际当中。

不过，湍流问题机理复杂，形式多变。在一些湍流问题，特别是各向异性强湍流问题的求解上，采用标准 $k-\varepsilon$ 湍流模型，计算结果会产生一定偏差。

因此，以上述 $k-\varepsilon$ 两方程为基架，针对各种特定条件，又提出多种改进方案，例如非线性 $k-\varepsilon$ 模型、LS$k-\varepsilon$ 模型、Shih$k-\varepsilon$ 模型、重群化 $k-\varepsilon$ 模型等、$k-\omega$ 湍流模型、BSL$k-\omega$ 模型和 SST$k-\omega$ 模型等。

在数值模拟计算中，需要根据实际问题的特征，在充分了解各类模型的适用条件、优势弊端的基础上，选取相应的湍流模型，提高求解实际流动问题的准确性。

9.2.2　大涡模拟方法

观测表明，湍流带有旋转流动结构，也这就是湍流涡，简称涡。从物理结构上看，可以把湍流看成是由各种不同尺寸的涡叠加而成的流动，这些涡的大小和旋转轴的方向分布是随机的。大尺度的涡主要由流动的边界条件决定，其尺寸可以与流场的大小相比拟，它主要受惯性影响，是引起低频脉动的原因；小尺度的涡主要由黏性力所决定，其尺寸可能只是流场尺度的千分之一量级，是引起高频脉动的原因。

雷诺平均法不深究大涡小涡的区别和联系，认为湍流所有尺度的涡都是各向同性的，平均的结果将脉动时空变化的细节抹去。而大涡模拟方法的基本思想是：在湍流传输链中大尺度脉动几乎包含了所有的湍动能，小尺度脉动主要耗散湍动能；在湍流数值模拟中只计算大尺度的脉动，将小尺度脉动对大尺度脉动的作用通过建立模型求解。大尺寸的涡不断地从主流中获得能量，通过涡之间的相互作用，能量

逐渐向小尺寸的涡传递，最后由于流体黏性的作用，小尺度的涡不断消失，机械能就转变为流体的热能。同时由于边界的作用及速度梯度的作用，新的涡又不断产生，构成了湍流运动。

大涡模拟的方法是用瞬时的 N-S 方程直接模拟湍流中的大尺度涡，不直接模拟小尺度涡，而小涡对大涡的影响通过近似的关系模型来考虑。这就需要建立一种数学滤波函数，从湍流瞬时运动方程中将尺度比滤波函数尺度小的涡滤掉，从而分解出描写大涡流场的运动方程，被滤掉的小涡对大涡运动的影响，则通过在大涡流场的运动方程中引入附加应力项来体现，其被称为亚格子 Reynolds 应力。

1. 滤波方法

实现大涡模拟的思想就是将直接计算的大尺度量（可解尺度）和其余的小尺度量（不可解尺度）分离，这就需要对流动物理量进行滤波处理，将小尺度量过滤掉。

常用均匀滤波函数（又称过滤器）主要有盒式滤波器、高斯滤波器、谱空间的低通滤波器三种。盒式滤波器是物理空间中一种各向同性的过滤器，将盒式滤波函数取做高斯函数，可以得到高斯滤波器。滤波运算既可以在物理空间进行，也可以在谱空间进行，令高波数的脉动为零，相当于对脉动信号做低通滤波，称为谱空间的低通滤波器。盒式滤波器在谱空间近似于低通滤波器，同时在截断波数以外有高波成分，高斯滤波器在物理空间和谱空间都是高斯函数。其他滤波函数如空间三维过滤器、微分过滤器等，在大涡模拟计算中也得到应用和发展。

2. 亚格子雷诺应力模型

假定滤波过程运算和求导运算可以交换，滤波函数处理瞬时状态下的连续性方程及 N-S 方程可以表示为

$$\frac{\partial \rho}{\partial t} + \frac{\partial(\rho \overline{u_i})}{\partial x_i} = 0$$

$$\frac{\partial}{\partial t}(\rho \overline{u_i}) + \frac{\partial}{\partial x_j}(\rho \overline{u_i u_j}) = -\frac{\partial \overline{P}}{\partial x_i} + \frac{\partial}{\partial x_j}\left(\mu \frac{\partial \overline{u_i}}{\partial x_j}\right) \tag{9-9}$$

令式（9-9）中的 $\overline{u_i u_j} = \overline{u_i}\,\overline{u_j} + (\overline{u_i u_j} - \overline{u_i}\,\overline{u_j})$，可得到滤波后的 N-S 方程，即

$$\frac{\partial}{\partial t}(\rho \overline{u_i}) + \frac{\partial}{\partial x_j}(\rho \overline{u_i}\,\overline{u_j}) = -\frac{\partial \overline{P}}{\partial x_i} + \frac{\partial}{\partial x_j}\left(\mu \frac{\partial \overline{u_i}}{\partial x_j}\right) + \frac{\partial(\rho \overline{u_i}\,\overline{u_j} - \rho \overline{u_i u_j})}{\partial x_j} \tag{9-10}$$

式（9-10）右端含不封闭项 $\rho \overline{u_i}\,\overline{u_j} - \rho \overline{u_i u_j}$，被称为亚格子尺度应力 τ_{ij}（SGS 应力），$\tau_{ij} = \rho \overline{u_i}\,\overline{u_j} - \rho \overline{u_i u_j}$。$\tau_{ij}$ 表示了小尺度涡对大尺度涡的影响，即在涡黏性的基础上，把湍流脉动造成的影响用湍流黏性系数表示。

为使方程组封闭，需引入亚格子应力模型。常见的亚格子应力模型有 Smagorinsky 涡黏性模型等，其表达式这里不再展开。

9.2.3　分离涡模拟方法

分离涡模拟方法（detached eddy simulation，DES）是一种 RANS 与大涡模拟方法（large eddy simulation，LES）结合的湍流模拟手段。在大涡模拟方法中，由于需要直接求解湍流中的大尺度涡，势必要求足够的网格数量，尤其是在壁面区需

要划分非常密的网格。换言之，采用大涡模拟方法所需的网格数量十分庞大，对计算能力要求极高。故分离涡模拟方法将对雷诺平均法的长度尺度进行相应的修正，在壁面区应用 RANS 进行计算，其他区域应用 LES 方法求解，既可以在壁面区发挥 RANS 计算量小的优势，同时也可以对大尺度涡进行较好的模拟。

9.3 数 值 模 拟 软 件

9.3.1 计算流体力学软件的结构

早期的计算流体力学并无软件结构的概念。都是个人编写程序，需要将控制方程离散化、求解、后处理各部分内容一一包括在内。随着计算流体力学学科的不断发展，专业化分工开始出现。有人倾力于离散化网格划分技术的进步，有人专注于求解器技术的发展，有人专门加强数据展示能力。此时，出现大量专门化软件，各有所长，分别专门针对计算流体力学数值模拟中的某一特定环节。再后来，随着计算流体力学商业软件的出现和发展，贯通数值模拟全过程的软件体系和软件生态开始出现，软件结构的概念才随之出现。

一般的计算流体力学软件均包括：前处理、求解和后处理 3 个基本环节，与之对应的程序模块被称为前处理器、求解器和后处理器。

1. 前处理器（preprocessor）

前处理器用于完成前处理环节的工作。该过程一般是借助与求解器相对应的对话框等图形界面来完成的。具体说来，前处理环节是向计算流体力学软件输入所求问题的相关数据，在前处理阶段需要进行以下工作：

（1）对所要研究的流动现象抽象化，建立数学模型，选择相应的控制方程。

（2）定义流体的属性参数。

（3）定义所求问题的几何计算域。

（4）网格划分。

（5）为计算域边界处的单元指定边界条件。

（6）对于非恒定流动问题，指定初始条件。

流动问题的解是在单元内部的节点上定义的，解的精度由网格中单元的数量所决定。正常情况下，单元越多、尺寸越小，所得到解的精度越高，但所需要的计算、存储资源也相应增加。为了提升计算精度，在物理量梯度较大的区域以及人们感兴趣的区域往往要加密计算网格。在前处理阶段生成计算网格时，关键是要把握好计算精度与计算成本之间的平衡。

网格生成技术已经成为计算流体力学发展的一个重要分支，是 CFD 在工程实践中必须处理好的关键技术之一。成功生成复杂外形的网格依赖于专业队伍的协作和努力。经验表明，在使用商用软件进行计算时，当前有半数以上的时间花在几何区域的定义及计算网格的生成上。此外指定流体参数的任务也是在前处理阶段进行。

这里还需要提及自适应网格的概念，自适应网格技术自动在迅速变化的区域细分网格，帮助提升网格质量，当然这一技术还需进一步发展成熟。

2. 求解器 （solver）

求解器的核心是数值求解方案。常用的数值求解方案包括有限差分、有限元和有限体积法等。概括这些方法的共性为：①借助简单两数来近似表示待求的流动变量；②将该近似关系代入连续性控制方程中，形成离散方程组；③求解离散的代数方程组。

一般来说，各种数值求解方案的主要差别在于流动变量被近似的方式及相应的离散化过程不同。

3. 后处理器 （postprocessor）

后处理的目的是有效地观察和分析流动计算结果。随着计算机图形功能的提高，目前的计算流体力学软件均配备了后处理器，提供了较为完善的后处理功能，包括：①计算域的几何模型及网格显示；②矢量图 （例如速度矢量线）；③等值线图；④填充型的等值线图 （云图）；⑤XY 散点图；⑥粒子轨迹图；⑦图像处理功能（例如平移、缩放、旋转等）。

借助后处理功能，还可动态模拟流动效果，直观地了解计算结果随时间的变化。

9.3.2　常用的计算流体力学软件简介

计算流体
力学软件

为了完成数值计算，早期在计算流体力学中多是用户自己编写计算程序，这样的弊端是缺乏通用性，每次编写都要重复大量他人已完成的工作。

流动问题本身又有其鲜明的系统性和规律性，因而比较适合通用计算软件的发展。自 20 世纪 80 年代以来，出现诸多计算流体力学软件，如 PHOENICS、FLU-ENT、CFX、STAR—CCM ＋、OpenFOAM 等。这些软件具有以下显著特点：①功能全面、适用性强，几乎涵盖各类流动问题的求解；②具有易用的前、后处理系统，以及与其他软件的接口能力，便于用户快速完成造型、网格划分等工作，还允许用户自定义内容、扩展开发模块；③具有良好的人机操作界面，具有比较完备的容错机制，稳定性高；④求解器与时俱进、算法先进；⑤支持多种操作系统、支持并行计算。

目前，这些计算流体力学软件广泛应用于土木工程和其他工程技术领域，正在发挥着越来越大的作用。特别是其中的商业软件，其市场占有率稳步提升，集中度越来越高。

1. PHOENICS

PHOENICS 是世界上第一个通用计算流体力学的代码。它是英国皇家工程院院士 D. B. Spalding 及其几十位博士生多年研究成果的集合。第一个正式版本于1981 年开发完成，目前由英国 Wimbledon 小镇的 CHAM 公司商业推出。PHOE-NICS 本身是 parabolic，hyperbolic or elliptic numerical integration code series （抛物线、双曲线或椭圆数字积分代码系列） 的缩写。

2. Ansys Fluent 和 Ansys CFX

Ansys Fluent 和 Ansys CFX 同为 Ansys 公司旗下 CFD 产品线中的核心产品。

Fluent 被认为是目前应用最为广泛的计算流体力学软件含有大量经过充分验证的物理建模功能，能为广泛的 CFD 应用提供快速、准确的结果。

CFX 是全球第一个发展和使用全隐式多网格耦合求解技术的商业化软件，其在叶轮机械应用，包括泵、风扇、压缩机以及燃气轮机和水轮机的 CFD 市场中，具有压倒性的优势地位。

Fluent 和 CFX 原来均由计算流体力学专业公司开发维护，并在 CFD 领域取得了市场好评，被广泛使用。后来，Ansys 公司依仗其有限元结构分析领域的霸主地位，不断向周边学科领域市场扩张发展，于 2003 年买入 CFX，2006 年并购了 Fluent，并逐步将这两款 CFD 软件有机整合进 Ansys 公司的软件生态体系。

3. STAR－CCM＋

STAR－CCM＋给自身的定义是一整套跨越传统工程学科边界的多物理场解决方案，其前身 STAR－CD 是全球第一个采用完全非结构化网格生成技术的商业化软件，由 CD－adapco 公司开发维护，2016 年被西门子集团收购。

4. OpenFOAM

OpenFOAM 是一款开源、免费的计算流体力学软件。通常，商业 CFD 软件均售价不菲，这就给不少个人用户和众多的非盈利应用场景中 CFD 软件的使用带来困扰。开源、免费的计算流体力学软件的出现正是基于这些需求。OpenFOAM 的快速发展也正是大量计算流体力学软件被并购，商业 CFD 软件日益寡头化后，才开始快速发展的。

9.4 计算流体力学在土木工程中的应用案例

流动现象大量的出现在自然界及各个工程领域中，解流体流动问题时必须明白流动的物理现象是极其复杂的，但无论其表现形式如何多种多样，这些流动现象都要受到最基本物理规律的支配，满足质量守恒、动量守恒和能量守恒定律。

当然，因其复杂性，我们需要做出某些假定，以使复杂程度减小至可以着手的程度，注意在此过程中一定要保持问题的主要特征。CFD 软件用户要注意一些专门的使用技巧，但更重要的是必须一直明确无误地记清已经做过的所有假定。

下面，给出两个工程实例，以帮助同学们建立对计算流体力学最直观也是最基础的认识。

图 9－2　型号为 AH－2kW 的偏航式风力发电机

9.4.1 风力发电机

有型号为 AH－2kW 的偏航式风力发电机如图 9－2 所示。风轮直径为 2.5m，额定功率为 2000W，额定转速为 500r/min，额定风速为 10m/s。

采用 UG 软件建立水平轴风力发电机模型，如图 9－3 所示。首先建立叶片模型，然后将三叶片组合成风轮，最后完成风轮、水平轴和塔架的总装。

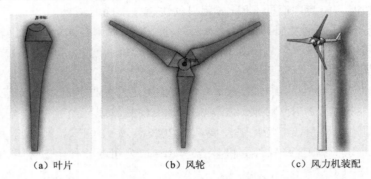

（a）叶片　　　　　　（b）风轮　　　　　（c）风力机装配

图 9－3　水平轴风力发电机模型

风力发电机模型建立完成后，将其置于环境流场中。流场计算域尺寸的选定要与风力发电机的大小、特性相匹配。

进行数值模拟研究时，为了更加符合实际情况，其整个计算域被分为旋转域和静止域两部分。旋转域是为了更加真实地模拟出叶轮的旋转运动，控制方程和湍流模型等选择设置时突出描述风轮的作用和影响。静止域则重点体现环境流场特性，选择设置时注意对风场进行合理模拟。

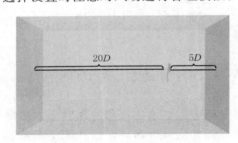

图 9－4　计算域长度

旋转域的大小设为叶轮直径大小，中心为风轮轮毂中心，即直径为 1.25m 的圆柱形流体域，其长度为 0.35m。

其余流场为静止域，进口流场的长度为 5D，出口流场的长度为 20D。计算域长度如图 9－4 所示。

静止域的尺寸是经过多尺寸比较验证后选定的。此计算域的大小可以消除计算域对绕流场的影响。最终确定的数值模拟中的计算尺寸图如图 9－5 所示。

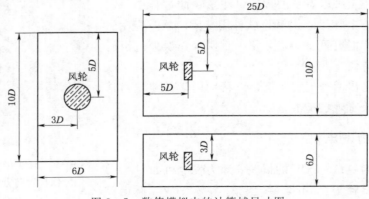

图 9－5　数值模拟中的计算域尺寸图

网格划分是数值模拟中一个重要的环节，直接关系到输出结果的准确性。此风机由 STAR CCM＋软件进行网格划分，STAR CCM＋具有强大的网格生成功能，自带的六面体非结构化网格生成技术与体积控制加密技术可以保证较高的网格品质。

为了捕捉到叶片以及叶片附近的流动特征，在叶片壁面处的边界层进行加密处理，设置边界层网格为 6 层，边界层增长率为 1.5。由于叶尖处以及风轮尾流区域湍流流动结构复杂，对风轮以及尾流区域进行加密，其加密区域示意图如图 9－6 所示。

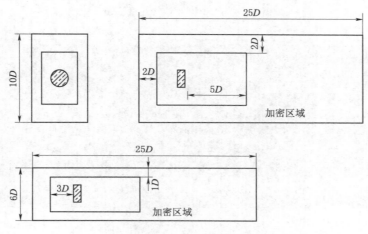

图 9－6　加密区域示意图

静止域网格中目标尺寸为 0.2m，最小尺寸为 0.015m；加密区域尺寸为 0.08m，最小尺寸为 0.01m；旋转域目标尺寸为 0.04m，最小尺寸为 0.001m。最终生成网格总数为 550 万的网格。计算域网格分布如图 9－7 所示。

在计算结果呈现方面，对直径为 R 的叶片，沿叶片径向取叶根、叶中、叶尖位置三个不同位置：$0.3R$、$0.6R$、$0.9R$，来流风速为 10m/s，三个位置处的速度云图如图 9－8 所示。叶片流场与塔架流场相互影响，在叶根及叶尖处相互影响较小，其原因是叶根处转速较小而叶尖处受力面小。塔架与叶片流场的影响范围沿着叶片展向加剧，使风轮产生俯仰角，增加风轮所受到的俯仰力 F_x 与俯仰力矩 M_z。

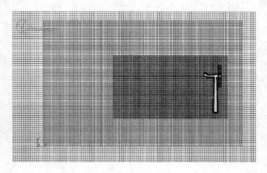

图 9－7　计算域网格分布

风力机流场结构分布图如图 9－9 所示。由于风轮将风能转化为机械能，在风轮的下游出现低流速区域；高流速区域与低流速区域有明显的剪切层过渡。风轮下游区域可根据风轮对流场的扰动程度分为近尾流区域与远尾流区域，其中风轮对近尾流区域的影响更为剧烈。水平轴风力机绕流场沿轴线基本对称分布，运行稳定性与工作效率达到最佳。

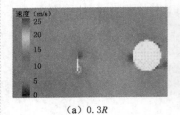
(a) 0.3R

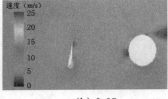
(b) 0.6R

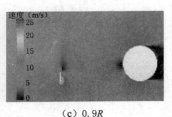
(c) 0.9R

图 9-8 三个位置处的速度云图

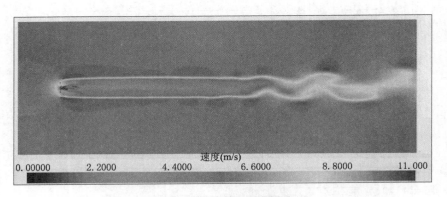

图 9-9 风力机流场结构分布图

9.4.2 高速列车受电弓

我国 CRH3 系列高速列车使用的 SSS400＋型受电弓原型如图 9-10 所示。采用 1∶1 真实尺寸建立高速列车受电弓三维模型，如图 9-11 所示。

图 9-10 受电弓原型

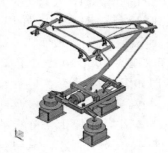

图 9-11 受电弓三维模型

接下来确定包含受电弓、接触网、列车在内的弓-网-车模型计算域，如图 9-12所示。使用 3 节车厢编组的列车模型，简化转向架部分，设定受电弓位于列车的中车。头车、中车及尾车的长度分别为 25.7m、25m、25.7m，宽度为 3m，计算域的尺寸为：长×宽×高＝267m×192m×34m。

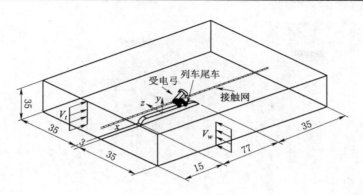

图 9-12　弓-网-车模型计算域

在网格处理方面，采用结构化的 Trim 网格，在流场结构变化大、绕流场复杂的区域，如受电弓、列车表面、尾流等，根据不同的情况进行加密处理；在离受电弓和车体较远处，流场采用稀疏的网格，网格之间逐层过渡，网格分布侧视图如图 9-13 所示。近壁面处的边界网格层数与厚度根据壁面函数相关参数确定，精确计算首层网格厚度，保证网格的贴体性。网格总数为 1397 万，比较好地平衡了计算效率和计算精度间的矛盾关系。

图 9-13　网格分布侧视图

湍流方面采用分离涡的模拟方法，在车速 350km/h、横风风速 15m/s、偏向角 90°的典型工况，分析受电弓在恒定横风作用下绕流的非定常瞬态气动特性。同时对受电弓的主要部件上臂杆、下臂杆以及滑板进行非定常流场计算。

图 9-14～图 9-17 列举部分计算结果，展现了计算域中涡量、压力、速度等方面的情况。

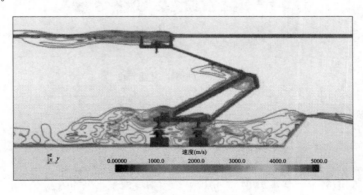

图 9-14　受电弓对称面涡量线图

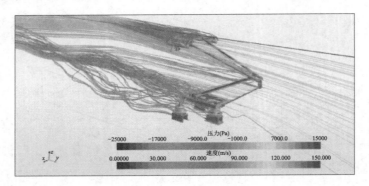

图 9-15 受电弓表面压力和流线分布

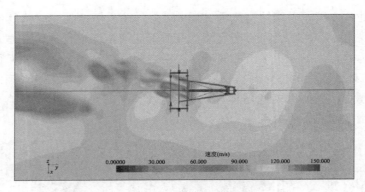

图 9-16 水平面速度云图

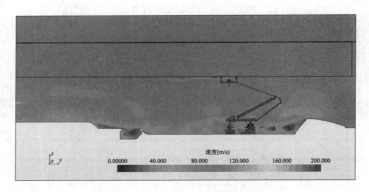

图 9-17 对称面速度云图

本章小结

思考题解答

【思考题】

1. 计算流体力学的离散化方法有哪些？这些方法核心的共性是什么？

2. 网格划分是越细越好吗？决定网格细密或稀疏的原则是什么？

3. 雷诺平均模拟方法、雷诺应力模型、亚格子雷诺应力模型的定义分别是什么？三者之间有什么样的联系？

附录

附录 1　量纲分析和相似原理

对于复杂的工程问题，由于求解基本方程组在数学上存在困难，需要应用特定的理论分析方法和实验方法进行研究。量纲分析和相似原理是指导实验的理论基础，通过建立相关物理量之间的关系，设计模型实验，并将模型实验数据应用于原型，可以合理、有效地组织实验，科学地简化实验过程。

量纲分析法的基础是量纲和谐原理，量纲和谐原理是判别经验公式是否完善的基础，并能使一些公式从经验范围内解脱出来。应用量纲分析法得到的物理方程式是否符合客观规律和所选取的物理量是否正确有关。量纲分析法为组织实施实验研究、整理实验数据提供了科学的方法。

大量工程实验是在模型上进行的，模型是指与原型（工程实物）具有相同运动规律、各运动参数存在比例关系的缩小物（特殊情况下也有扩大物）。为了能够在模型流动上表现出实物流动的主要现象和性能，也为了能够从模型流动上预测实物的结果，必须使模型流动和与其相似的实物流动保持力学相似关系。力学相似指实物流动与模型流动的对应点上的对应物理量应该有一定的比例关系。

附录 2　实 验 流 体 力 学

实验流体力学是和理论流体力学、计算流体力学并列的流体力学三大分支之一，也是实验力学的重要组成部分。实验流体力学的主要任务是不断研究流体运动中的新现象和探索其规律；研究各种流动现象的本质关系；利用模拟技术解决工程实际问题及研究相应的流动规律；发展实验仪器和测量方法等。

在实验过程中，测量数据精度的高低直接影响到测量结果的可靠性，因而误差分析十分重要。误差包括系统误差、随机误差和粗差。系统误差是指在一定条件下，误差的数值保持恒定，或按某种已知函数规律变化的误差。随机误差是指具有随机变量的特点，在一定条件下服从统计规律的误差。粗差是指在一定条件下，测量结果显著偏离实际的误差。

实验中测量系统分为模拟系统和数字系统。模拟系统是把被测物理量变换为电压信号、指针位移或记录曲线等模拟量的测量系统。数字系统是把被测物理量变换为二进制或十进制数字量的测量系统。

参 考 文 献

［1］ E·约翰芬纳莫尔，约瑟夫 B·弗朗兹尼. 流体力学及其工程应用［M］. 钱翼稷，周玉文，等译. 北京：机械工业出版社，2006.

［2］ 杜广生. 工程流体力学［M］. 2版. 北京：中国电力出版社，2014.

［3］ 张也影. 流体力学［M］. 2版. 北京：高等教育出版社，1999.

［4］ 闻德苏，黄正华，高海鹰，王玉敏. 工程流体力学（水力学）［M］. 3版. 北京：高等教育出版社，2010.

［5］ 武岳，孙瑛，郑朝荣，孙晓颖. 风工程与结构抗风设计［M］. 2版. 哈尔滨：哈尔滨工业大学出版社，2019.

［6］ 陶文栓. 数值传热学［M］. 2版. 西安：西安交通大学出版社，2001.

［7］ 李玉柱，苑明顺. 流体力学［M］. 2版. 北京：高等教育出版社，2008.

［8］ 周光坰，严宗毅，许世雄，章克本. 流体力学［M］. 2版. 北京：高等教育出版社，2009.

［9］ 庄礼贤，尹协远，马晖扬. 流体力学［M］. 2版. 合肥：中国科学技术大学出版社，2009.

［10］ 陈懋章. 粘性流体动力学基础［M］. 北京：高等教育出版社，2002.

［11］ 刘鹤年，刘京. 流体力学［M］. 3版. 北京：中国建筑工业出版社，2016.

［12］ 王俊杰，陈亮，梁越. 地下水渗流力学［M］. 北京：中国水利水电出版社，2016.

［13］ 龙天渝. 计算流体力学［M］. 重庆：重庆大学出版社，2007.

［14］ 刘伟，范爱武，黄晓明. 多孔介质传热传质理论与应用［M］. 北京：科学出版社，2006.

［15］ 李万平. 计算流体力学［M］. 武汉：华中科技大学出版社，2004.

本书配套资源

助你快速、高效学好流体力学

扫描二维码，一键获取：

本书习题答案： 轻松对照不翻书

本书专属课件PPT与视频： 结合书本学习，效果翻倍

9张流体力学思维导图： 辅助知识框架的构建，加深记忆

本书读者还可在智能阅读向导的推荐下，找到最适合你的学习与阅读方案。

高效阅读，助力学习！

微信扫码